DEUTSCH-TASCHENBÜCHER NR. 50

Andrej Grigorewitsch Konforowitsch

Guten Tag, Herr Archimedes

227 unterhaltsame Mathematikaufgaben vom Altertum bis zur Gegenwart

VERLAG HARRI DEUTSCH
Thun und Frankfurt/Main

Titel der Originalausgabe: А. Г. Конфорович
Визначні математичні задачі. Київ, „Радянська школа“,
1981 г.
Übersetzung aus dem Ukrainischen:
Dipl.-Mathematiker Galina Dick
Dipl.-Astronom Wolfgang R. Dick, Potsdam
Wissenschaftliche Redaktion: Dr. sc. nat. Walter Purkert, Leipzig

ISBN 3 87144 843 5

Lizenzausgabe für den Verlag Harri Deutsch · Thun
Printed in GDR
Satz und Druck: Druckhaus »Freiheit« Halle
Redaktionsschluß: 15. 9. 1985

Inhalt

Vorwort 5
Ägypten 10
Babylonien 21
Das antike Griechenland 32
Die hellenistischen Länder und das römische Kaiserreich 49
Indien 75
China 87
Die Länder des Islam 96
Das mittelalterliche Europa 107
Die Renaissance 118
Europa während der Zeit der wissenschaftlichen Revolution und der Aufklärung 131
Das Europa des 19. und 20. Jahrhunderts 157
Mathematik im vorrevolutionären Rußland und in den Gebieten der heutigen UdSSR 183
Literaturverzeichnis 198
Personenregister 200

Vorwort

Für die weitere Entwicklung des wissenschaftlich-technischen Fortschritts spielt die Mathematik eine ausschlaggebende Rolle. Keine der modernen Schlüsseltechnologien, wie Mikroelektronik oder Robotertechnik, kann ohne umfassende Anwendung der Mathematik beherrscht werden. Unsere jungen Leser werden im Hinblick auf diese Tatsache fragen: Welchen Sinn kann es haben, sich mit historischen Mathematikaufgaben zu beschäftigen, die Jahrhunderte, z. T. sogar Jahrtausende alt sind? Wir hoffen, daß die Lektüre des Buches selbst eine gewisse Antwort darauf geben wird. Es soll jedoch erwähnt werden, daß sich alle bedeutenden Mathematiker aus den verschiedensten Gründen mit der Geschichte ihrer Wissenschaft befaßt haben. Leibniz z. B. hat bereits betont, daß ohne Kenntnis der Vergangenheit die Gegenwart nicht verstanden und die Zukunft nicht gestaltet werden kann.

Die Geschichte der Mathematik übt einen besonderen Reiz aus. Die Aufgaben und Lehrsätze, die vor Hunderten oder Tausenden von Jahren gelöst bzw. bewiesen wurden, bezaubern wegen ihrer Schönheit und des Scharfsinns der logischen Schlüsse uns ebenso, wie sie alle vorangehenden Generationen begeistert haben.

Blättern wir im Buch der Wissenschaftsgeschichte, so überzeugen wir uns, daß die ergiebigsten Quellen mathematischer Ideen, Begriffe und Aufgaben, die später zu Theorien ausgestaltet wurden, in der praktischen Tätigkeit des Menschen liegen. Das theoretische Denken der Gelehrten verschiedener Zeiten und Völker hat sie in ihre heutige Form gebracht. Die Suche nach den Lösungen vieler mathematischer Aufgaben führte die Wissenschaft wiederholt zur Entdeckung neuer mathematischer Fakten. Über die mehr als zwei Jahrtausende währenden Versuche, die alte Aufgabe der Quadratur des Kreises zu lösen, schrieb 1729 das Mitglied der Petersburger Akademie der Wissenschaften Georg Krafft (16. 7. 1701—18. 7. 1754) folgendes:

»Wenn wir uns in unserer Frage der Geschichte der Wissenschaft zuwenden, so erkennen wir, daß die allerschönsten Entdeckungen, die wir jetzt kennen, nicht deshalb gemacht wurden, weil man sie suchte, sondern deshalb, weil man etwas anderes vergeblich suchte. Einige erschienen wie ungebetene Gäste ganz von selbst und brachten einen großen Nutzen mit sich. So kann man auch in dieser Frage hoffen, daß eher etwas Unbekanntes im Zusammenhang mit der Quadratur des Kreises wird gefunden werden als diese selbst.«[1]

KRAFFT hatte sich nicht geirrt. Auf dem langen Weg der Suche nach der Quadratur des Kreises bewiesen die Gelehrten nicht nur die Unlösbarkeit dieser Aufgabe in der klassischen Formulierung, sondern entdeckten auch ungewöhnlich viele wichtige mathematische Zusammenhänge, unerwartete tiefe Gesetzmäßigkeiten in der Welt der Zahlen, der geometrischen Figuren und anderer mathematischer Objekte.

Verständlicherweise ist eine Vielzahl von Problemen, die für die Mathematik selbst außerordentlich wichtig sind, für Schüler der Oberschule nicht zugänglich, und wir können sie nur erwähnen oder skizzieren. Es sind Aufgaben, die von den Erfordernissen der Praxis oder von der Logik der Entwicklung der Mathematik gestellt wurden. Sie eröffnen neue Kapitel in der Wissenschaft und konnten nur durch die Anstrengungen hervorragender Forscher bewältigt werden. An einigen solchen Aufgaben mußte jahrelang gearbeitet werden. Der große deutsche Mathematiker Carl Friedrich GAUSS (1777–1855) schrieb über sein Ringen mit einem schwierigen Problem: ». . . seit 4 Jahren wird selten eine Woche hingegangen sein, wo ich nicht einen oder den anderen vergeblichen Versuch, diesen Knoten zu lösen, gemacht hätte . . . Aber alles Brüten, alles Suchen ist umsonst gewesen, traurig habe ich jedesmal die Feder wieder niederlegen müssen. Endlich vor ein paar Tagen ist's gelungen . . . Wie der Blitz einschlägt, hat sich das Rätsel gelöst . . . und gewiß wird niemand, wenn ich diese Materie einst vortrage, von der langen Klemme, worin es mich gesetzt hat, eine Ahnung bekommen.« Natürlich gehen solche Aufgaben über die Kräfte selbst der begeistertsten jungen Mathematiker.

In dieses Buch sind solche Aufgaben aufgenommen worden, die den jungen Mathematikern die Möglichkeit geben, ihre Fä-

[1] ÛŠKEVIČ, A. P.: Istoriâ matematiki v Rossii. – Moskva: Nauka, 1968

higkeiten unter Beweis zu stellen, die aber auch den Dornenreichtum der Wege ahnen lassen, welche der mathematische Gedanke vom alten Ägypten bis in unsere Tage zurücklegte.

Die Mehrzahl der hier gestellten Aufgaben sind für Schüler der Klassen 9 bis 12 geeignet. Es wäre zu wünschen, daß die Leser nicht sofort die Lösung nachschlagen, sondern sie durch eigene Anstrengungen zu finden suchen. Wie der bekannte amerikanische Mathematiker und Pädagoge G. Pólya treffend bemerkte, bedeutet jede große wissenschaftliche Entdeckung die Lösung eines großen Problems, doch auch in der Lösung jeder beliebigen Aufgabe steckt ein Körnchen einer Entdeckung.

Aus den frühen mathematischen Texten entnahmen wir Aufgaben in der für ihre Zeit typischen Form. In der Epoche des antiken Griechenlands, um so mehr in der Epoche der Renaissance und in der Neuzeit wurde die Mathematik wesentlich komplizierter. Deshalb verwendeten wir seltener wissenschaftliche Abhandlungen jener Perioden, sondern wählten in der Regel Aufgaben aus Lehrbüchern, aus Sammlungen mathematischer Unterhaltungen oder solche Aufgaben, die mit den Namen hervorragender Mathematiker verbunden sind.

Die Lösung einer jeden Aufgabe stellt nicht nur die Entdeckung einer wissenschaftlichen Tatsache dar, sondern befriedigt auch die wissenschaftliche Neugier und weckt oft den Wunsch, darüber Hinausgehendes zu erforschen. Es gab Fälle, wo die Bedeutung eines Problems für die Wissenschaft nicht bestimmt werden konnte, solange es nicht gelöst war. Oft stellten große Mathematiker wichtige Aufgaben, ohne einen Weg zu ihrer Lösung zu kennen, nahmen sie jedoch immer in Angriff. Die dann folgenden Versuche, die Schwierigkeiten zu überwinden, führten oft zur Entdeckung neuer Theorien. Genannt seien nur die drei berühmten Probleme des Altertums sowie die Versuche, das Parallelenaxiom des Euklid, den Großen Fermatschen Satz u. a. zu beweisen. Für die Mathematiker des antiken Griechenlands war z. B. die Entdeckung der quadrierbaren Möndchen durch Hippokrates von Chios (5. Jh. v. u. Z.) eine bedeutende mathematische Errungenschaft. Heute wird diese Aufgabe bereits Schülern gestellt. Das Problem, alle quadrierbaren Kreisbodenzweiecke (Möndchen) anzugeben, erwies sich jedoch als außerordentlich schwierig. Es wurde durch den hervorragenden sowjetischen Mathematiker N. G. Tschebotarew (1894–1947) gelöst. Bei der Beschäftigung mit Aufgaben aus fernen Zeiten sollte man natürlich die Vergangenheit weder idealisieren noch zu streng kritisieren. Untersuchen wir objektiv das Erbe der Vergangenheit, so erkennen wir, wie aus ihr die Gegenwart erwuchs, und wir werden uns weniger über unsere Erfolge wundern. NEWTON bemerkte, daß er seine epochalen Entdeckungen nicht hätte machen können, wenn er nicht auf den Schultern von Riesen gestanden hätte. Der großartige Aufstieg der Mathematik im 20. Jahrhundert gründet sich ebenfalls auf das Werk Tausender und aber Tausender bekannter und namenloser Arbeiter der großen Werkstatt der Mathematik, die bereits Jahrtausende in Betrieb ist. Die wunderbaren Beispiele aus der Produktion dieser Werkstatt wollen wir den jungen Mathematikern vorstellen.

Diese Sammlung und ebenso die am Schluß aufgeführten Bücher werden den wißbegierigen Lesern helfen, einige unsterbliche Schätze des mathematischen Denkens umfassender kennenzulernen.

Wir haben uns nicht darum bemüht, den Stil der Aufgabenstellung ferner Epochen und ihre Lösungsmethoden zu übernehmen. Aufgabenstellungen und Lösungen werden in der Regel mit heutigen Begriffen unter Verwendung der modernen Symbolik formuliert. In den Aufgaben sind Ausdrücke wie »Es ist zu beweisen, daß ...«, »Es ist zu zeigen, daß ...« usw. oft ausgelassen. Die als Lehrsätze formulierten Aufgaben sind generell zu beweisen. Bei Paradoxien ist der enthaltene Fehlschluß aufzudecken. Die Lösungen befinden sich jeweils am Ende eines Abschnitts. Die Angabe des Lösungsweges ist mit dem Zeichen • versehen, Lösungen ohne Angabe des Lösungsweges werden mit dem Zeichen ▼ gekennzeichnet.

Der Autor möchte die Leser bewußt auf eine ernsthafte Arbeit mit den Aufgaben vorbereiten. Denn schon die obligatorischen Hausaufgaben werden von den Schülern nicht immer erledigt. Um so mehr sind Hartnäckigkeit und Selbstdisziplin notwendig, um sich in der Freizeit freiwillig auf die unruhige Reise durch die Labyrinthe mathematischer Aufgaben zu begeben. Wir möchten den Leser dazu anregen, selbst die ersten Schritte zu tun. In übrigen wissen wir, daß mathematische Aufgaben eine besondere Anziehungskraft ausüben, daß sie den Leser zu neuen logischen Gipfeln und Pässen führen. Das erweckte Interesse wird gleich dem Faden der Ariadne den richtigen Weg weisen und so eine besondere, unvergleichliche Freude am Erkennen der Wahrheit bereiten. Der Leser wird gebannt sein von der inneren Logik und der Folgerichtigkeit der Beweisketten, von erwarteten und unvorhergesehenen Ergebnissen seines Suchens. »Ein Mathematiker sagte«, so schrieb L. N. Tolstoi, »daß der Genuß nicht in der Entdeckung der Wahrheit, sondern in der Suche nach ihr besteht.« Davon zeugen auch zahlreiche Aussagen von Wissenschaftlern über die eigentümliche Schönheit und den Zauber der mathematischen Forschung.

Gerade die Begeisterung für die Schönheit mathematischer Werke regt Wissenschaftler und Amateurmathematiker zur Suche nach immer neuen Beweisen schon bewiesener Sätze, nach neuen Lösungsvarianten längst gelöster Probleme an. Seit den Zeiten des antiken Griechenlands bis in unsere Tage ist der Strom neuer Beweise des berühmten Lehrsatzes des Pythagoras (s. Aufgabe 21) nicht verebbt. Die Suche nach verschiedenen nichtklassischen Lösungen der drei berühmten Probleme des Altertums (s. Aufgaben 26, 27, 28) wird unablässig fortgesetzt.

Es ist bekannt, welche Begeisterung Schüler bei der Lösung einer Aufgabe erfassen kann. Solche Sternstunden des Schöpfertums bestimmten bisweilen den Lebensweg eines Jugendlichen.

Der Autor betrachtet das gestellte Ziel als erreicht, wenn sein Büchlein wenigstens einem Leser hilft, seinen Weg in die unbegrenzte und zauberhafte Welt der Mathematik zu finden, in diese alte und ewig junge, »trockene« und ungewöhnlich poetische Wissenschaft.

Den Übersetzern des Buches, Wolfgang und Galina Dick, sei für die umfangreiche sachkundige und schöpferische Arbeit herzlich gedankt.

Verfasser und Verlag

Ägypten

Die ältesten mathematischen Texte sind aus den Zivilisationen des alten Orients – Ägypten und Babylon – erhalten. Diese Länder besaßen nur wenig fruchtbares Land in den großen Flußtälern. Die wirtschaftliche Tätigkeit erforderte die Durchführung umfangreicher Arbeiten zur Bewässerung und Flurbereinigung, unter anderem die Aufteilung der Felder nach Überschwemmungen, bei denen durch angeschwemmten Flußschlamm die Parzellengrenzen unkenntlich wurden. Die Erstarkung der Zentralstaaten begünstigte die Gründung von Städten und die Entwicklung des Handels. Mathematische Probleme entstanden aus der Notwendigkeit, verschiedene Berechnungen durchzuführen, z. B. für Bauarbeiten, bei der Erhebung von Steuern, der Aufteilung von Eigentum, dem Austausch und der Verteilung von Lebensmitteln, der Vermessung von Ackerflächen, Dämmen und Kornspeichern, der Organisation großer Karawanen und Arbeitsheere usw.

Die hauptsächlichsten Dokumente der ägyptischen Mathematik sind der Papyrus Rhind und der Moskauer Papyrus. Ersterer, benannt nach dem englischen Ägyptologen, der ihn fand, wird im Britischen Museum in London und zum Teil in New York aufbewahrt. In letzter Zeit wird dieser Papyrus häufiger als Papyrus des Ahmes bezeichnet. So hieß der Schreiber, der ihn um 1800–1600 v. u. Z., als Ägypten von den Hyksos erobert war, verfaßte. Diese Rolle (5,25 m × 0,33 m) enthält 84 Aufgaben.

Der zweite Papyrus (5,44 m × 0,08 m) enthält 25 Aufgaben. Er wurde ebenfalls in der Hyksos-Epoche von einem Text kopiert, welcher aus der Zeit um 1900 v. u. Z. stammte. Dieser Papyrus wird im Moskauer Puschkin-Museum für bildende Kunst aufbewahrt.

Beide Papyri waren Lehrwerke für Schreiberschulen, in denen Beamte, Baumeister, Landmesser bzw. Harpedonapten (wörtlich: Seilspanner), d. h. die Träger der wissenschaftlichen Er-

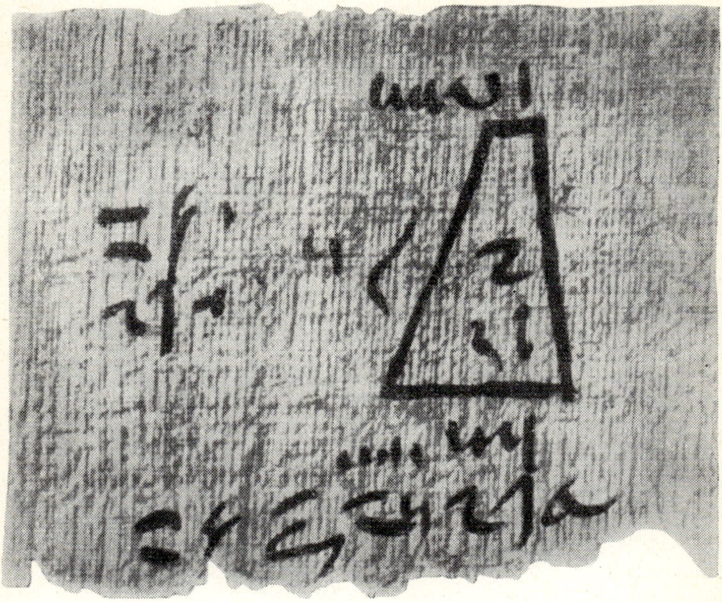

Pyramidenstumpfberechnung aus dem Moskauer Papyrus (18. Jh. v. u. Z.). Die exakte Volumenberechnung eines (schiefen oder geraden) Pyramidenstumpfes mit quadratischer Grund- und Deckfläche ist das Glanzstück der altägyptischen Geometrie.

kenntnisse jener Epoche, ausgebildet wurden. Schon in dieser Epoche wurde mathematisches Wissen außerordentlich hoch geschätzt. Im Papyrus des AHMES heißt es, daß er »dem sorgfältigen und gründlichen Studium aller Dinge, dem Verständnis ihres Wesens, der Erkenntnis aller Geheimnisse« gewidmet ist.

Das Zahlensystem der alten Ägypter war dezimal, aber kein Positionssystem. Die Ziffern von 1 bis 9 bezeichnete man durch Striche, es gab Sonderzeichen für die Zahlen des Typs 10^n (von 10 bis 10^7). Von den Brüchen waren außer $\frac{2}{3}$ und $\frac{3}{4}$ nur die sogenannten Stammbrüche $\left(\text{der Form } \frac{1}{n}\right)$ bekannt, es existierten bereits spezielle Hieroglyphen für die einfachen Brüche $\frac{1}{2}, \frac{1}{4}, \frac{2}{3}, \frac{3}{4}$.

Operationen erster Ordnung bereiteten keine Schwierigkeiten. Multiplikation und Division wurden auf Verdopplung und Addition zurückgeführt.

Zum Beispiel: $28 \cdot 17$

•	1	28
	2	56
	4	112
	8	224
•	16	448
	17	476

In der rechten Spalte wurde addiert: $28 \cdot 1 + 28 \cdot 16 = 28 \cdot (1 + 16)$. Also ist $28 \cdot 17 = 476$.

Auch die Division führte man auf das Verfahren der Verdopplung zurück. Es soll z. B. $153 : 17$ berechnet werden. Dies wurde folgendermaßen ausgeführt:

•	1	17
	2	34
	4	68
•	8	136
	9	153

Also ist $153 : 17 = 9$.

Die Operationen zweiter Ordnung sind noch kompliziert. Sie sind noch nicht vollständig algorithmiert, aber der erste Schritt zur Trennung der Operation der Multiplikation von der der Addition war bereits getan.

Die Aufgaben zur Berechnung des »hau« (des Haufens, der Menge der Dinge, die bestimmt werden soll) führten auf Gleichungen ersten Grades zurück: $ax + bx + cx + \ldots + nx = p$. Meist löste man sie mit der Methode des falschen Ansatzes, z. B. in der Aufgabe »Der Haufen und sein vierter Teil ergeben zusammen 15« $\left(\text{wir würden schreiben: } x + \frac{1}{4}x = 15\right)$. Der Rechnende nimmt $x = 4$ an, so daß »der Haufen und sein vierter Teil zusammen 5 ergeben«, diese Summe muß aber dreimal größer sein $(15 : 5 = 3)$. Deshalb ist die gesuchte Menge gleich $4 \cdot 3 = 12$.

Die Aufgaben zur Berechnung des »hau« waren die ersten abstrakten Aufgaben in der Geschichte der Mathematik, die mit einer einheitlichen Methode gelöst wurden. Eine Reihe von Aufgaben führte man auf die Berechnung von Gliedsummen arithmetischer und geometrischer Reihen zurück. Unter ihnen ist die »Wandernde Aufgabe« (Nr. 7), die in verschiedenen Varianten zu verschiedenen Zeiten bei verschiedenen Völkern angetroffen werden kann, durch ihre Geschichte berühmt geworden.

Geometrische Aufgaben ergaben sich aus der Praxis des Bauens, der Bodenbewirtschaftung und des Ackerbaus. Die Begriffe »Dreieck«, »Viereck«, »Figur«, »Seite der Figur« usw. existierten noch nicht. Überall ist die Rede von geraden, schiefen oder runden Feldern bzw. Grundstücken mit Rain, Breite und Länge. Die Flächeninhalte von Rechtecken, Dreiecken und Trapezen konnte man exakt berechnen, die Fläche eines beliebigen Vierecks näherungsweise als Produkt der Halbsummen seiner gegenüberliegenden Seiten a, c und b, d:

$$S = \frac{a + c}{2} \cdot \frac{b + d}{2}.$$

Die Gelehrten jener Zeit erzielten auch eine Reihe hervorragender Einzelergebnisse. Vor allem war das die Volumenberechnung des geraden viereckigen Pyramidenstumpfes nach der genauen Formel $V = \frac{h}{3}(a^2 + ab + b^2)$ (Aufgabe Nr. 14 des Moskauer Papyrus); mit großer Genauigkeit erfolgte die Berechnung der Kreisfläche. Den Text und die Lösung der Aufgabe Nr. 10 des Moskauer Papyrus, in der das »Maß« eines kuppelförmigen Korbes »mit der Öffnung $4\frac{1}{2}$« berechnet wird, konnte man nicht genau übersetzen. Es wird von einigen Wissenschaftlern angenommen, daß es sich bei der Aufgabe um die genaue Berechnung der Oberfläche einer Halbkugel handelt. Andere Historiker sehen darin die Bestimmung der Mantelfläche eines Zylinders, wieder andere die genäherte Berechnung des Volumens eines kuppelförmigen Kornspeichers. In jedem Fall ist auch dies eine herausragende mathematische Leistung.

Bei der Lösung geometrischer Aufgaben erzielte man bedeutende Erfolge, aber zu einem Spezialgebiet der Mathematik bildete sich die Geometrie noch nicht heraus.

Die Aufgaben wurden nicht nach Lösungstypen, sondern nach Themen klassifiziert. Die Resultate gab man ohne jegliche Erklärungen an, manchmal nur mit der Überprüfung des gefundenen Ergebnisses. Der Weg zur Lösung war jedoch mit einer intensiven schöpferischen Arbeit und abstraktem Denken verbunden. Die Gelehrten verallgemeinerten die errungenen Ergebnisse, suchten nach vollkommeneren rechnerischen und operativen Algorithmen, bildeten mathematische Begriffe. Es kamen selbstverständlich auch Fehler vor. Die ersten haben es schwer, sich nicht zu irren. Indem er ungebahnte Wege beschritt, arbeitete der Mathematiker der fernen Vergangenheit nicht weniger intensiv als sein Berufserbe heute, der um die Probleme der modernen Mathematik ringt. Wenn man die Erfolge der Bahnbrecher beurteilt, sollte man daran denken, daß das für uns triviale Ergebnis $2 \cdot 2 = 4$ einst ein echter Triumph des abstrakten Denkens war.

Aufgaben

1. Ein Hirte, der 70 Rinder trieb, wurde gefragt: »Welchen Teil der Rinder deiner vielköpfigen Herde treibst du?« Er antwortete: »Ich treibe zwei Drittel vom Drittel des Viehs.« Wie viele Rinder enthielt die gesamte Herde?

2. Einer nahm aus einer Schatzkammer $\frac{1}{13}$ ihres Inhalts. Ein anderer nahm $\frac{1}{17}$ von dem, was zurückgeblieben war. Er beließ 150 in der Schatzkammer. Wieviel war ursprünglich darin?

3. Wie viele Brote bzw. wie viele Krüge Bier kann man aus einem Scheffel Korn erhalten, wenn 15 Scheffel 200 Brote und 10 Krüge Bier ergaben und der Ertrag an Bier $\frac{1}{10}$ des Ertrages an Brot beträgt?

4. Es sind 10 Scheffel Gerste zwischen 10 Leuten so aufzuteilen, daß der zweite $\frac{1}{8}$ Scheffel Gerste mehr erhält als der erste, der dritte $\frac{1}{8}$ Scheffel mehr als der zweite, . . ., der 10. $\frac{1}{8}$ Scheffel mehr als der neunte.

5. Der gesamte Haufen, $\frac{2}{3}$ davon, $\frac{1}{2}$ davon, $\frac{1}{7}$ davon ergeben zusammen 37. Wieviel enthält der gesamte Haufen?

6. Ein Acker hat eine Fläche von 100 Quadratellen. Er ist so in zwei quadratische Teile zu zerlegen, daß die Seitenlänge eines Teils $\frac{3}{4}$ der Seitenlänge des anderen Teils beträgt.

7. Sieben Leute haben je sieben Katzen; jede Katze frißt sieben Mäuse, jede Maus frißt sieben Ähren, aus jeder Ähre könnten 7 Maß Gerste wachsen. Wie groß sind die Glieder dieser Reihe und ihre Summe?

8. Man berechne das Volumen eines quadratischen Pyramidenstumpfes, wenn seine Höhe gleich 6, die Seitenlänge der Grundfläche 4 und der Deckfläche 2 ist.

9. Die Ägypter ersetzten die Kreisfläche durch ein flächengleiches Quadrat und nahmen für seine Seitenlänge $\frac{8}{9}$ des Kreisdurchmessers an. Welche Näherung der Zahl π entspricht dieser Regel?

10. *Das Rätsel der Priester des Gottes Ra:* Du stehst vor einer Wand, dahinter ist der Lotosbrunnen, wie der Kreis der Sonne. Neben dem Brunnen liegen ein Stein, ein Meißel und zwei Schilfstengel. Die Länge des einen Schilfstengels beträgt 3 Maß, des anderen 2 Maß. Die Schilfstengel kreuzen sich auf der Wasserfläche des Lotosbrunnens; diese Oberfläche liegt ein Maß über dem Grund. Wer die Zahl der längsten Geraden mitteilt, die in den Reif des Lotosbrunnens paßt, dieser nimmt beide Schilfstengel und wird Priester des Gottes Ra.

Der Brunnen ist ein gerader Zylinder (Bild 1). Zwei Schilfstengel (einer von der Länge 3 m, der andere 2 m) sind zu der Grundfläche des Zylinders so gestellt, daß die Summe der Längen ihrer Projektionen auf die Zylindergrundfläche gleich deren Durchmesser ist. Gesucht ist der Durchmesser des Brunnens.

1912 fanden Wissenschaftler während Ausgrabungen im Nildelta Reste eines Tempels, auf dessen Wänden Schriftzeichen erhalten

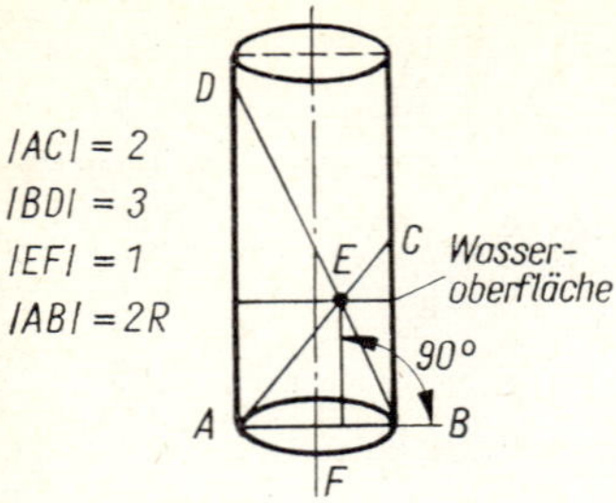

Bild 1

waren. Darunter befanden sich auch mathematische Aufgaben. Den Text dieser Aufgabe hatten die Priester des Gottes Ra in die Wände eines gigantischen Raumes gehauen, der aus Granitblöcken erbaut war. Die Aufgabe stellte eine der Prüfungen für Kandidaten dar, die Priester des Gottes Ra werden wollten. Dies war ein schweres und gefährliches Examen, vor dem die Priester offen warnten. Unter ihrem Text war die Warnung eingemeißelt: »Wisse: Jeder kann vor die Wand treten. Demjenigen, welcher die Sache der Priester des Gottes Ra versteht, öffnet sich die Wand zum Hinausgehen. Wisse aber: Wenn Du hinausgehst, wirst Du eingeschlossen werden. Du gehst mit den Schilfstengeln der Priester des Gottes Ra hinaus; wenn aber der Hunger über Deinen Körper siegt, so wirst Du nicht als Priester des Gottes Ra hinausgehen . . .

Durch die Wand des Lotosbrunnens gingen viele, aber wenige wurden Priester des Gottes Ra. Denke nach. Schätze Dein Leben. So raten Dir die Priester des Gottes Ra.«

Die Aufgabe ist tatsächlich schwierig. Es ist nur erstaunlich, wie die alten Ägypter sie meisterten. Wahrscheinlich kostete sie mehr als einem das Leben.

Den hier ausgewählten Aufgaben ging ein langer Entwicklungsweg der altägyptischen Mathematik voraus. In einer der antiken Beschwörungsformeln der »Pyramidentexte« (»Beschwörung zur Gewährung der Überfahrt«) bittet ein verstorbener König den Fährmann um die Erlaubnis, ans östliche Ufer des Kanals im Jenseits überzusetzen. Auf die Bitte des Königs hin spricht der Fährmann: »Der Große Gott auf der anderen Seite fragt: Hast Du nicht etwa einen Menschen zu mir geführt, der seine Finger nicht zählen kann?« Es erweist sich jedoch, daß der tote König ein großer »Wundertäter« ist, er kann Verse vortragen, in denen seine zehn Finger abgezählt werden, und erfüllt damit die Forderung des Fährmanns. Dieser Text führt uns in jene Zeiten zurück, als das Fingerrechnen bei weitem nicht alle beherrschten und es als magische Kunst galt.

Im 30. Jh. v. u. Z. konnte man schon bis 100000 zählen. Zu dieser Zeit wurde das Ensemble der großen Pyramiden in Gizeh errichtet, die schon rund fünf Jahrtausende maßloses Entzücken und Verwunderung hervorrufen. Seit dem 3. Jh. v. u. Z., in dem die Griechen erstmalig eine Liste von sieben Weltwundern zusammenstellten, waren die ägyptischen Pyramiden unverändert das Weltwunder Nummer 1. Seit den Zeiten HERODOTS werden heftige und nicht enden wollende Diskussionen über ihre Bestimmung geführt. Der griechische Philosoph Proclus DIADOCHUS (um 410 – 485) betrachtete die Cheops-Pyramide als »gewissermaßen steinernes Lehrbuch der Astronomie und Geometrie und des Wissens, das mit den Überschwemmungen des Nils verbunden war. Diese ganze Erfahrung wurde in der Anordnung, den Konturen sowie der Beschriftung der Pyramide festgehalten.« Was alles fand man nicht in der großen Pyramide: die Zahl π und den Goldenen Schnitt, die zahlenmäßigen Charakteristiken der Erde und des Sonnensystems, sogar die Vorhersage des Weltuntergangs 1920 oder 1922 und schließlich am 13. September 1936. In den meisten Fällen handelte es sich einfach um ein Spiel mit Zahlen.[1]

Die Zahlenäquilibristik und -mystik beiseite lassend, muß man zugeben, daß die Pyramiden selbst unbestreitbare Beweise für den großen Fundus des mathematischen Wissens sind, welches die antiken Geometer – die ersten Architekten – beherrschten. Sie waren es, die die Bauarbeiten leiteten, die Pläne zeichneten und alle notwendigen Berechnungen ausführten.

Bis in unsere Tage ist ein Flachrelief mit dem Bildnis des Baumeisters der Pyramide des Djoser IMHOTEP (um 2650 v. u. Z.) erhalten. In den Händen hält er Arbeitsmittel: ein Schreibgerät und zwei Stäbchen – Maßstäbe. Ihre Längen verhalten sich wie $1 : \sqrt{5}$. Im berühmten Komplex der Pyramiden von Gizeh lassen sich die Größen der Pyramiden mit den Zahlen 1, 2, $\sqrt{5}$ ausdrücken, aus denen man auch leicht die Zahl des Goldenen Schnitts $(\sqrt{5}-1) : 2$ gewinnen kann. Die Zahlen 1, 2, $\sqrt{5}$ drücken die Längen zweier Seiten und der Diagonale des Rechtecks mit dem Seitenverhältnis 1 : 2 aus. Deshalb konnten mit den Meßstäbchen des IMHOTEP leicht ein rechter Winkel errichtet und die Elemente vieler architektonischer Details vermessen werden.

[1] LAUER, J. P.: Le Problème des Pyramides d'Égypte. – Paris: Payot, 1948

Im komplizierten Prozeß der Wechselwirkung von Praxis und theoretischer Verallgemeinerung sowie empirisch gefundener Beziehungen entstand der schwierige fundamentale Begriff der funktionalen Abhängigkeit. In Form mathematischer Aufgaben wurden Zusammenhänge zwischen wichtigen Arten physikalischer und geometrischer Größen entdeckt und ausgedrückt.

Die Mathematik als theoretisches Wissensgebiet gab es noch nicht, aber in der Morgendämmerung zeichneten sich schon die großartigen Umrisse des erstaunlichen Werkes menschlichen Schöpfertums ab, errichtet aus einem praktisch ewigen Material – den hierarchisch angeordneten abstrakten Begriffen.

Lösungen

1. ▾ 315 Rinder

2. ▾ $172\,\frac{21}{32}$

Da die Ägypter Brüche der Form $\frac{m}{n}$ nicht kannten, wurde in der Antwort der gebrochene Teil als Summe von Stammbrüchen (der Form $\frac{1}{n}$) geschrieben

$$\frac{1}{2}+\frac{1}{8}+\frac{1}{48}+\frac{1}{96}.$$

3. ▾ 20 Brote oder 2 Krüge Bier.

4. ● Die Aufgabe führt auf die Berechnung des ersten Gliedes einer arithmetischen Reihe, wobei deren Differenz $\frac{1}{8}$ und die Summe von zehn Gliedern 10 beträgt. Die einzelnen Personen erhalten:
$\frac{25}{16}, \frac{23}{16}, \frac{21}{16}, \frac{19}{16}, \frac{17}{16}, \frac{15}{16}, \frac{13}{16}, \frac{11}{16}, \frac{9}{16}, \frac{7}{16}$ Scheffel Gerste.

5. ● Die Aufgabe führt auf die Gleichung ersten Grades

$$x+\frac{2}{3}x+\frac{1}{2}x+\frac{1}{7}x=37.$$

▾ x (»Haufen«) ist gleich $16\,\frac{2}{97}$.

6. ● Es sei x die Seitenlänge eines Ackerteils, y die Seitenlänge des anderen Teils. Die Lösung der Aufgabe führt auf die Auflösung des Gleichungssystems:

$$\begin{cases} x : y = 1 : \dfrac{3}{4}, \\ x^2 + y^2 = 100. \end{cases}$$

▼ $x = 8; \quad y = 6$

7. ● Die Aufgabe führt auf die Berechnung der Glieder und der Gliedsumme der geometrischen Reihe: $7 + 7^2 + 7^3 + 7^4 + 7^5 = 7 + 49 + 343 + 4201 + 16807 = 21407$.

8. ▼ Das gesuchte Volumen beträgt 56 Volumeneinheiten.

9. ● Aus der Regel der Ägypter folgt: $\left(\frac{8}{9}d\right)^2 = \frac{\pi d^2}{4}$, folglich ist $\pi = \frac{8^2 \cdot d^2 \cdot 4}{9^2 d^2} = 4 \cdot \left(\frac{8}{9}\right)^2 \approx 3{,}1605$, d. h., der relative Fehler ist kleiner als 1 %. Dies ist eine genügend gute Näherung.

10. ● *1. Lösungsweg:* Gegeben ist $|AC| = 2$ m, $|BD| = 3$ m, $|EF| = 1$ m. Gesucht: $|AB| = 2R$. Es sei $|AD| = x$, $|BC| = y$. Dann gilt $x^2 + |AB|^2 = 9$ und $y^2 + |AB|^2 = 4$, folglich ist $x^2 - y^2 = 5$. Wegen $\triangle ABD \sim \triangle BEF$ gilt $x : |EF| = |AB| \, |BF|$ und $x = (|AB| : |BF|) \cdot 1$; wegen $\triangle AED \sim \triangle BEC$ gilt $x : y = |AF| : |BF|$, weshalb $xy = x + y$.

Wir haben ein System zweier Gleichungen mit zwei Unbekannten erhalten,

$$\begin{cases} x^2 - y^2 = 5, \\ xy = x + y, \end{cases}$$

das auf die Gleichung vierten Grades $x^4 - 2x^3 - 5x^2 + 10x - 5 = 0$ führt. Durch Probieren errechnen wir die genäherte Nullstelle dieser Gleichung und finden, daß $|AB| \approx 1{,}231$ m.

2. Lösungsweg: Die alten Ägypter kannten weder den Satz des Pythagoras noch den Lösungskalkül quadratischer Gleichungen bzw. Gleichungen vierter Ordnung. Deshalb konnten sie die Aufgabe der Priester des Gottes Ra nur folgendermaßen lösen. Auf den Boden des Raumes zeichneten sie mit Kreide die Gerade OP (Bild 2). Unter Beachtung, daß $|BD| - |AC| = 1$ m, zogen sie in der Entfernung 1 m von OP die Gerade NM, $NM \parallel OP$. Dann ließen sie die Schilfstengel in den Brunnen

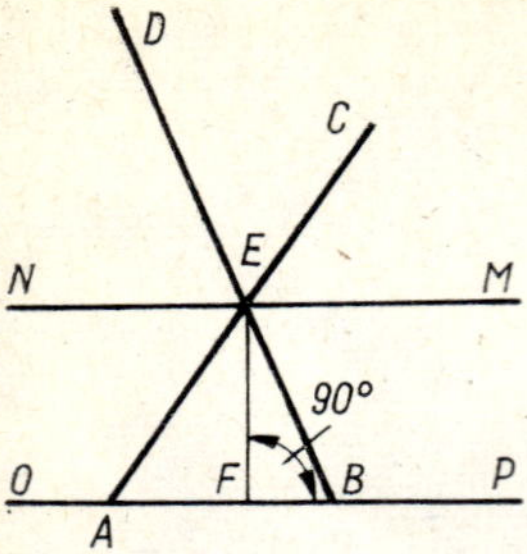

Bild 2

hinab und kennzeichneten auf ihnen ihren Schnittpunkt. Danach legten sie die Schilfstengel so auf die Zeichnung, daß sich der Schnittpunkt E auf der Geraden NM befand, und drehten sie so, daß die nassen Enden der Schilfstengel A und B auf die Gerade OP zu liegen kamen. Dann maßen sie genähert $|AB|$ unter Verwendung eines der Schilfstengel.

Babylonien

Als babylonisch wird die Kultur des antiken Zweistromlandes, begrenzt von den Flüssen Tigris und Euphrat, bezeichnet. Den Grundstein zur babylonischen Kultur legten die Sumerer. Sie erdachten die Keilschrift und benutzten das sexagesimale Zahlensystem. Die Keilschrifttafeln stellen die Quellen der sumerisch-babylonischen Mathematik dar. Von etwa 500000 Täfelchen, die gefunden werden konnten, enthalten 150 Aufgabentexte und Lösungen und 200 Zahlentafeln. Jedes Täfelchen enthält 18 bis 100 Aufgaben, auf einer von ihnen sind 148 Aufgabenstellungen aufgezeichnet.

Einen großen Teil der mathematischen Texte bilden Lehrwerke für Schüler der Schreiberschulen sowie Übungen, die von Schreibern oder Hofbeamten ausgeführt wurden. Sie sind um 1800 bis 1600 v. u. Z. verfaßt, als in Babylon die Dynastie des Hammurapi regierte; andere Täfelchen wurden in den drei letzten Jahrhunderten v. u. Z. (der Epoche der Seleukiden) niedergeschrieben. Fast alle mathematischen Texte sind in der Sprache der Akkader verfaßt, da die Sumerer als Volk schon im 21. und 20. Jh. v. u. Z. unter dem Druck der Eroberer für immer aus der politischen Geschichte verschwanden.

Die Schaffung des ersten sexagesimalen Positionssystems war eine bedeutende Errungenschaft der babylonischen Mathematik. Es beruhte auf der Verwendung zweier Zeichen: Der Vertikalkeil bedeutete 1, der Horizontalkeil 10. In diesem System waren die Zahlen 1, 2,. . ., 58, 59 die Einheiten der ersten Potenz, 60 Einheiten erster Potenz bildeten eine Einheit der zweiten Potenz, 60 Einheiten zweiter Potenz eine Einheit der dritten Potenz usw.

Wie wir sehen, erfolgte die Zählung innerhalb einer Potenz, z. B. von 1 bis 59, nach einem Dezimalsystem, das kein Positionssystem war, beim Übergang zu jeder höheren Ordnung aber nach dem sexagesimalen Positionssystem.

Im 5. Jh. v. u. Z. taucht im Zusammenhang mit den Bedürf-

Der guterhaltene mathematische Keilschrifttext BM 85194 enthält vielerlei mit dem Bauwesen zusammenhängende mathematische Probleme: Berechnung von Dämmen, Tempelfundamenten, Wassergräben, Brunnenziegeln. Links unten wird die Breite der Grabensohle eines ringförmigen Walles mit trapezförmigem Querschnitt berechnet.

nissen astronomischer Berechnungen ein besonderes Zeichen auf, das die Rolle der Null übernimmt. Es wurde verwendet, wenn in der Mitte einer Zahl Einheiten irgendeiner Potenz fehlten. Interessant ist, daß die Babylonier ihre Null nur in der Zahlenmitte verwendeten und sie niemals schrieben, wenn Einheiten erster bzw. erster und zweiter Potenz fehlten.

Wir wollen lernen, mit indischen[1] Ziffern die Zahlen im babylonischen Positionssystem zu schreiben. Wir werden den ganzen Teil einer Zahl von ihrem gebrochenen (sofern vorhanden) mit zwei Apostrophen und die Stellenwerte voneinander mit einem Apostroph zwischen den entsprechenden Zahlzeichen trennen. Zum Beispiel: $24 = 24 \cdot 60^0$ (im sexagesimalen System ist das eine »einstellige Zahl«), $2'4 = 2 \cdot 60 + 4 \cdot 60^0$, $2''4 = 2 \cdot 60^0 + 4 \cdot 60^{-1}$, $0''24 = 0 \cdot 60^0 + 24 \cdot 60^{-1}$, $0''2'4 = 0 \cdot 60^0 + 2 \times 60^{-1} + 4 \cdot 60^{-2}$, $24'59''0' = 24 \cdot 60 + 59 \cdot 60^0 + 0 \cdot 60^{-1} + 59 \times 60^{-2}$ usw.

Das Fehlen von »Nullen« in der Darstellung von Zahlen, die keine Einheiten einer oder mehrerer aufeinanderfolgender kleinster Potenzen besitzen, bedingt ihre Mehrdeutigkeit. Tatsächlich konnte die Schreibweise $2'4$ die Zahl $2 \cdot 60 + 4 \cdot 60^0$, die Zahl $2 \cdot 60^2 + 4 \cdot 60$ und überhaupt jede beliebige Zahl $2 \cdot 60^n + 4 \cdot 60^{n-1}$ mit $n \in N$ bedeuten. Nur aus der Aufgabenstellung und aus den Rechenergebnissen kann man ermitteln, welche Zahl eine Darstellung dieser Art gerade ausdrücken soll. Das babylonische sexagesimale Zahlensystem war also noch kein konsequentes Positionssystem. Und doch war es ein gewaltiger Schritt nach vorn. Wir unterteilen noch jetzt Zeiten und Winkel nach dem sexagesimalen System, das von den Sumerern vor etwa fünf Jahrtausenden entwickelt wurde.

Die große Basis des Zahlensystems (60) äußerte sich im Charakter der babylonischen Rechentechnik. Ihr »kleines Einmaleins« enthielt $59 \times 59 = 1711$ Produkte. Man konnte sich dies unmöglich einprägen, und deshalb wurde bei der Lösung von Aufgaben umfassend von mathematischen Tabellen Gebrauch gemacht, welche Quadratzahlen (n^2), Kubikzahlen (n^3), Quadrat- und Kubikwurzeln, Multiplikationstafeln ($m \times n$), Tafeln für die Berechnung von Summen des Typs $n^2 + m^2$ u. ä. enthielten.

Die Operationen der Addition und Subtraktion wurden in Worten geschrieben. Für die Multiplikation verwendet man den

[1] Bei uns üblicherweise als arabische Ziffern bezeichnet.

Begriff »verspeisen«. Möglicherweise war dies dadurch bedingt, daß im Ergebnis der Multiplikation der Länge mit der Breite die Fläche gewissermaßen die Faktoren »verspeist«, in sich auflöst. Die Division war für die Babylonier ein schwieriges Problem. Die Operation $a : b$ führten sie auf die Multiplikation $a \cdot \frac{1}{b}$ zurück. Jedesmal, wenn $a : b = c$ berechnet werden soll, heißt es in den Texten: »Nimm das Reziproke zu b, du siehst $\frac{1}{b}$, multipliziere a mit $\frac{1}{b}$, du siehst c.« Deshalb existierte eine große Auswahl von Reziprokentafeln und Tafeln für Zahlen des Typs $\frac{m}{125 \cdot 2^n}$ für $n = 0, 1, 3, \ldots, 29$.

Zum Beispiel wurde für $m = 1'26'18'9'11'6'40$ und $n = 29$ eine Zahl des Typs $\frac{m}{125 \cdot 2^n}$ mit einer Genauigkeit von 15 sexagesimalen Stellen im gebrochenen Teil gefunden. Ein interessanter Ausdruck wurde für den Teil $\frac{1}{n}$ einer Zahl a gebraucht. In diesem Fall schrieb man: Es ist »$\frac{1}{n}$ von a abzubrechen«. Bei der Zerlegung von a in mehrere Teile schrieb man: »a in n zerbrechen«. Dies alles zeugt davon, daß die Entstehung der Rechenoperation »Division« mit praktischen Bedürfnissen verbunden war – der Teilung einer Anzahl von Gegenständen in gleich große Teilmengen oder eines Gegenstandes in gleiche Teile.

Die Keilschrifttäfelchen enthalten wenig arithmetische Aufgaben. Ihre Lösungsmethoden beruhten auf der Idee der proportionalen Abhängigkeit und des arithmetischen Mittels. Die Vorstellungen über arithmetische und geometrische Reihen waren bei den Babyloniern stärker als bei den Ägyptern entwickelt. Die Babylonier kannten die Regel $S_n = \frac{a_1 + a_n}{2} \cdot n$ und lösten verschiedene Aufgaben zu geometrischen Reihen. Schon zur Zeit Hammurapis erreichte die Algebra quadratischer Gleichungen ein hohes Niveau, man löste auch Gleichungen höheren Grades auf.

Die babylonischen Aufgaben mit quadratischen Gleichungen sind das erste Beispiel einer echten mathematischen Theorie, die aus den Erfordernissen der Praxis entwickelt wurde. Im Fall zweier Variablen hieß die eine (x) Länge, die andere (y) Breite, und ihr Produkt Fläche, Feld oder Länge-mal-Breite. In den kubischen Gleichungen nannte man die dritte Variable (z) Tiefe und das Produkt xyz Volumen. Es finden sich Aufgaben mit bis zu zehn Unbekannten. Obwohl in der Aufgabenstellung die gegebenen und gesuchten Größen geometrische Objekte sind, operieren die babylonischen Mathematiker mit ihnen wie mit abstrakten Variablen, d. h., sie berechnen Summen der Art $xy + x$, $xyz + xy + x$ und ähnliche, die vom Standpunkt der Geometrie aus keinen Sinn haben, da man nicht Volumen, Fläche und Länge addieren kann.

Die Babylonier kannten nur positive rationale Zahlen, deshalb wurden die Koeffizienten der Gleichungen so ausgewählt, daß die Lösungen der Gleichungen stets positiv waren.
Die Mehrzahl der Aufgaben auf den Keilschrifttäfelchen führte auf das System

$$\begin{cases} x \pm y = p\,, \\ xy = q\,. \end{cases}$$

Es lassen sich auch kompliziertere Systeme finden, z. B.:

$$\begin{cases} x^2 + y = 21'40\,, \\ xy = 10\,. \end{cases}$$ bzw. (im Dezimalsystem): $$\begin{cases} x^2 + y = 1300\,, \\ xy = 10\,. \end{cases}$$

$$\begin{cases} xy + (x - y)(x + y) = 1'13'20\,. \\ x + y = 1'40\,. \end{cases}$$

$$\begin{cases} xy + (x - y)(x + y) = 4400\,, \\ x + y = 100\,. \end{cases}$$

$$\begin{cases} xyz + xy = 1''10\,, \\ y = 0''40\,x\,, \\ z = 12\,x\,. \end{cases} \qquad \begin{cases} xyz + xy = 1\,\frac{1}{6}\,, \\ y = \frac{2}{3}\,x\,, \\ z = 12\,x\,. \end{cases}$$

Das letztere System führt auf die Gleichung $(12x)^3 + (12x)^2 = 4''12$, die offensichtlich mit Hilfe von Tabellen der Art $n^3 + n^2$ gelöst wurde.

Im Vergleich zu den Ägyptern gingen die babylonischen Mathematiker auch bei der Entwicklung der Geometrie einen Schritt weiter. Quadrat und Dreieck betrachteten sie als abstrakte Figuren, das Rechteck nannten sie »das, was Länge und Breite hat«, das Trapez »Stirn des Stiers«, den Kreis »Krümmung«, das Segment »Feld des Halbmondes«, eine Figur aus zwei kongruenten Segmenten mit gemeinsamer Sehne »Auge des Stiers«. Fachausdrücke für die Begriffe »Punkt«, »Gerade«, »Linie«, »Oberfläche«, »Flächeninhalt«, »Parallelität«, "Orthogonalität« fehlten noch. In den Aufgaben handelt es sich immer um Berechnungen von Elementen ebener oder räumlicher Figuren, mit denen Architekten, Baumeister, Heerführer, Verwalter und Wirtschafter in Berührung kamen. Neben den exakten Verfahren wurden auch Näherungsverfahren verwendet. Der Kreisumfang wurde durch Verdreifachung des Durchmessers berechnet. Dieser Genauigkeit entspricht der Wert $\pi = 3$. Mit eben dieser Genauigkeit berechnete man auch die Kreisfläche. Dabei brachten die Babylonier als erste die Zahl π mit dem Kreisumfang in Verbindung, nämlich als das Verhältnis von Umfang zu Durchmesser.

Eine der hervorragendsten Errungenschaften der babylonischen Mathematik war die Entdeckung des Satzes des PYTHAGORAS und seine breite Anwendung bereits in der Epoche HAMMURAPIS. In den Keilschrifttexten finden wir die Berechnung der Flächen des regulären Fünf- und Sechsecks, Zinseszinsaufgaben und das faktische Experimentieren mit Spezialfällen von Logarithmen, verständlicherweise ohne jegliche Verwendung der Logarithmusfunktion.

Die Ergebnisse der sumerisch-babylonischen Mathematik waren für die weitere Entwicklung von großer Bedeutung. Allerdings taten die sumerischen Babylonier, ebenso wie die alten Ägypter, nicht den entscheidenden Schritt in Richtung auf eine allgemeine Sätze beweisende wissenschaftliche Mathematik. Das schmälert aber nicht ihre Verdienste, denn sie waren die Pioniere, auf deren Ergebnissen die weitere Entwicklung fußte.

Im folgenden sind mit Sternchen jene Aufgaben gekennzeichnet, in welchen die Zahlenwerte der gegebenen Größen, die Hinweise zur Lösung und die Antworten im sexagesimalen Zahlensystem geschrieben sind. Sollten sich die Rechnungen in diesem System als schwierig erweisen, können die Leser die Aufgaben im Dezimalsystem lösen.

Aufgaben

11. Es sind zwei Ringe gegeben. Die Summe von $\frac{1}{7}$ des Gewichtes des ersten Ringes und $\frac{1}{11}$ des Gewichtes des zweiten Ringes ist gleich 1, während die Differenz des Gewichtes des ersten Ringes und seines siebenten Teiles gleich der Differenz des Gewichtes des zweiten Ringes und seines elften Teiles ist. Gesucht ist das Gewicht jedes Ringes.

12.* Die Summe der Flächen zweier Äcker beträgt 30 Quadrateinheiten, auf ihnen wurden 18′20 Scheffel Getreide geerntet. Es ist die Fläche jedes Ackers zu bestimmen, wenn bekannt ist, daß auf 30 Quadrateinheiten des ersten Ackers 20′0 Scheffel und auf 30 Einheiten des zweiten Ackers 15′0 Scheffel Getreide geerntet werden.

13.* Zu lösen ist das Gleichungssystem:

$$\begin{cases} xy + 0''30\,x + 0''20\,y = 15\,, \\ x + y = 7\,. \end{cases}$$

14. Die Summe der Flächeninhalte zweier Quadrate beträgt $25\frac{5}{12}$ Quadrateinheiten. Die Seite des einen Quadrates ist um 5 Längeneinheiten größer als $\frac{2}{3}$ der Seite des anderen Quadrates. Gesucht ist die Seitenlänge jedes Quadrates.

Hinweis: Wenn die gesuchten Seitenlängen der Quadrate mit x und y bezeichnet werden, so läßt sich die Lösung der Aufgabe auf die Lösung des Systems

$$\begin{cases} x^2 + y^2 = 25\frac{5}{12}\,, \\ y = \frac{2}{3}\,x + 5\,. \end{cases}$$

zurückführen.

15.* Es wurde eine Baugrube ausgehoben, deren Länge so viel giš beträgt, wieviel Ellen die Tiefe ausmacht (1 giš gleich

12 Ellen); die Breite ist 0″20 giš. Die Summe aus Grundfläche und Volumen der Baugrube ist gleich 1″10. Gesucht ist ihre Länge.

16.* Es sind 26″15′45 Minen Silber zwischen fünf Brüdern so aufzuteilen, daß jeder $\frac{1}{5}$ mehr erhält als die Menge Silber, welche dem nächstjüngeren Bruder zukommt.

17. Ein Einheitsquadrat ist in 12 kongruente Dreiecke und 4 kongruente Quadrate zu teilen (Bild 3). Gesucht sind die Flächeninhalte von Dreieck und Quadrat.

18. Ein Balken der Länge 0,5 giš stand senkrecht in der Lage AB (Bild 4). Dann nahm er die Lage CD ein. Die Strecke $|BC|$ ist gleich 0,1 giš. Um wieviel Ellen entfernte sich das untere Ende des Balkens von der vorherigen Lage?

19. Das rechtwinklige Dreieck ABC (Bild 5) ist durch die Linie $DE \parallel BC$ in ein Trapez $BCED$ (dessen Fläche wir mit S_1 bezeichnen) und $\triangle ADE$ (dessen Fläche wir mit S_2 bezeichnen) zu teilen. Gesucht sind $|EC| = y_1$, $|AE| = y_2$, $|DE| = x$, S_1 und S_2, wenn $|BC| = 30$, $S_1 - S_2 = 42$, $y_2 - y_1 = 20$.

20. Ein Kapital von 1 gur ist mit einem Zinssatz von jährlich $\frac{1}{5}$ verliehen worden. Nach welcher Zeit verdoppelt sich das Kapital?

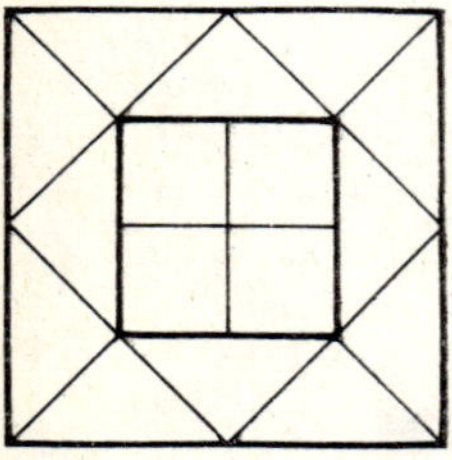

Bild 3

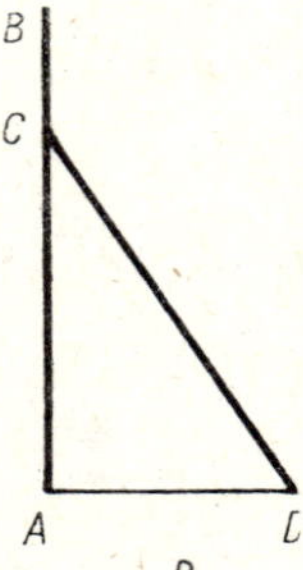

Bild 4

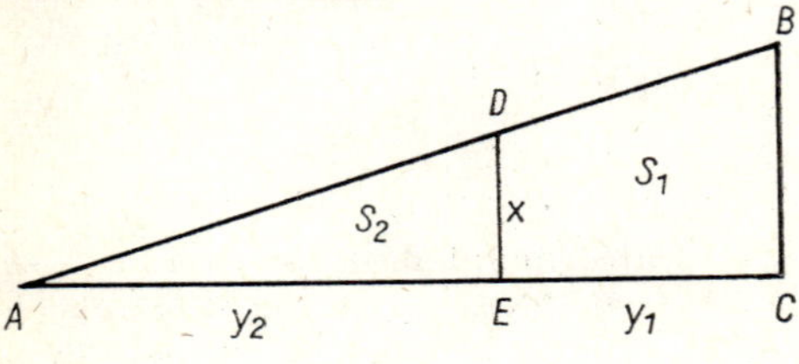

Bild 5

Lösungen

11. • Wenn wir das Gewicht (gemeint ist die Masse) des ersten Ringes mit x und des zweiten mit y bezeichnen, erhalten wir das Gleichungssystem:

$$\begin{cases} \frac{1}{7}x + \frac{1}{11}y = 1, \\ x - \frac{1}{7}x = y - \frac{1}{11}y, \end{cases}$$

woraus $x = 4\frac{3}{8}$, $y = 1\frac{3}{8}$ folgt.

12. • Die Rechnung führen wir im sexagesimalen Zahlensystem aus. Für die Operationen mit Zahlen größer 60 schreiben wir in Klammern die entsprechenden Operationen im Dezimalsystem. Auf einer Quadrateinheit des ersten Ackers wurden $20'0 : 30 = 40$ geerntet ($20'0 = 20 \cdot 60 + 0 \cdot 60^0 = 1200$, $1200 : 30 = 40$); auf einer Quadrateinheit des zweiten Ackers wurden $15'0 : 30 = 30$ ($15'0 = 15 \cdot 60 + 0 \cdot 60^0 = 900$, $900 : 30 = 30$) Scheffel Getreide geerntet. Auf den zwei Äckern wurde um $20'0 - 18'20 = 1'40$ (Scheffel Getreide) weniger geerntet als auf 30 Quadrateinheiten des ersten Feldes ($18'20 = 18 \cdot 60 + 20 \cdot 60^0 = 1100$, $1200 - 1100 = 100$).

1 Quadrateinheit des zweiten Feldes bedingte die Verringerung der Ernte auf den zwei Äckern um $40 - 30 = 10$ (Scheffel), also betrug die Fläche des zweiten Ackers $1'40 : 10 = 10$ (Quadrateinheiten), die Fläche des ersten Ackers $30 - 10 = 20$ (Quadrateinheiten).

▾ Die Fläche des ersten Feldes ist 20 Quadrateinheiten, die Fläche des zweiten Feldes 10 Quadrateinheiten.

13. • Der babylonische Mathematiker teilte gliedweise die zweite Gleichung des Systems durch 2 und erhielt $0''30\,(x + y) = 3''30$, zog gliedweise von der ersten Gleichung den erhaltenen Quotienten ab, subtrahierte von jeder Seite der zweiten Gleichung je $0''10$ und erhielt im Ergebnis das System

$$\begin{cases} xy - 0''10\,y = 11''30, \\ x + y - 0''10 = 6''50. \end{cases}$$

Danach schrieb er dieses System in der Standardform:

$$\begin{cases} y\,(x - 0''10) = 11''30\,, \\ y + (x - 0''10) = 6''50\,. \end{cases}$$

Indem er y und $(x - 0''10)$ als neue Variable (u und v) verwendete, erhielt er das System

$$\begin{cases} u + v = 6''50\,, \\ uv = 11''30\,. \end{cases}$$

Dann kam er (nach dem VIETAschen Satz) zu der quadratischen Gleichung $t^2 - 6''50\,t + 11'30 = 0$ und löste sie nach der bekannten Formel:

$$t = 3''25 + \sqrt{(3''25)^2 - 11''30} = 3''25 + 0''25 = 3''50\,.$$

Daraus folgt $u = y = 3''50$, $x = v + 0''10 = 3''10$ (negative Zahlen waren zu dieser Zeit noch unbekannt).

Wir betonen noch einmal, daß es damals noch keinerlei Formeln und Zeichen gab. Alle Aufzeichnungen erfolgten in Worten, doch wenn wir diese in die Sprache der modernen Symbolik übertragen, so erhalten wir die oben angeführten Operationen und Umformungen.

15. • Wir bezeichnen Länge, Breite und Tiefe der Grube entsprechend mit x, y, z. Die Lösung der Aufgabe führt auf die Lösung des Systems:

$$\begin{cases} 12 \cdot z = x\,, \\ xyz + xy = 1''10\,, \\ y = 0''20\,. \end{cases}$$

16. ▾ Der erste Bruder erhält $7''48'45$; der zweite $6''15$; der dritte 5; der vierte 4; der fünfte $3''12$ Minen Silber.

Die Zahlen, welche die von jedem Bruder erhaltene Menge Silber ausdrücken, bilden eine geometrische Zahlenfolge mit dem Quotienten $q = 1 - \frac{1}{5} = \frac{4}{5}$.

17. ▾ Die Quadratfläche ist gleich der Dreiecksfläche und beträgt $\frac{1}{16}$ Flächeneinheiten.

18. • Im rechtwinkligen $\triangle ADC$ ist die Hypotenuse $|CD| = 6$ (Ellen), $|AC| = 4{,}8$ (Ellen). Dann ist $|AD| = \sqrt{|CD|^2 - |AC|^2} = \sqrt{36 - 23{,}04} = \sqrt{12{,}96} = 3{,}6$ (Ellen).

Wie wir sehen, kannten die alten Babylonier mehr als 1600 Jahre vor PYTHAGORAS den nach ihm benannten Satz und verwendeten ihn zur Lösung von Aufgaben. Bezüglich verschiedener Beweise des Satzes sei auf die Aufgaben 89 und 92 verwiesen.

19. ▾ $x = 18,\ y_1 = 40,\ y_2 = 60$

20. • Wenn die Zinsen am Ende jedes Jahres zum vorhandenen Kapital hinzugefügt werden, um sie in den folgenden Jahren ebenfalls zu verzinsen, so spricht man davon, daß die Anleihe zum Zinseszinssatz gegeben wurde. Wir bezeichnen mit x die Zeit, in der sich das verliehene Kapital unter den gegebenen Bedingungen verdoppelt. Dann erhalten wir die Gleichung $\left(1 + \frac{1}{5}\right)^x = 2$ bzw. $\left(1\frac{1}{5}\right)^x = 2$, $x \lg \frac{6}{5} = \lg 2$, $x(\lg 6 - \lg 5) = \lg 2$, $x = \frac{\lg 2}{\lg 6 - \lg 5} = 3{,}801$ (Jahre).

Der babylonische Mathematiker erhielt die Antwort 3″47′13′20 (Jahre). Man überprüfe, ob er die Rechnung richtig ausgeführt hat.

Inschriftterme des Platon. Römische Marmorkopie nach einer griechischen Bronzestatue des 4. Jh. v. u. Z.

Das antike Griechenland

Die Gelehrten Ägyptens und Babylons entdeckten viele wichtige mathematische Tatsachen, entwickelten Algorithmen für das Rechnen mit natürlichen und teilweise mit gebrochenen Zahlen, fanden Lösungswege für einzelne Aufgabentypen. Aber die Wissenschaft entwickelte sich noch außerordentlich langsam; im Verlaufe von Jahrhunderten, ja von Jahrtausenden gab es keine wesentlichen Fortschritte in der Geschichte, z. B. der ägyptischen oder sumerisch-babylonischen Mathematik. Diese Situation läßt sich mit der despotischen Verwaltungsform erklären, die in der Gesellschaft herrschte. Der Wille des Despoten galt als Gesetz, von freier Diskussion irgendwelcher Probleme konnte keine Rede sein. Deshalb beginnen die ägyptischen mathematischen Texte mit den Worten »mache, wie man es macht«, auf die dann ein Rezept, ein Algorithmus folgt, wie zu verfahren ist. Es finden sich keinerlei Andeutungen von Sätzen, Beweisen, Definitionen oder gar Axiomen.

Etwa auf demselben Niveau befand sich auch das mathematische Wissen der alten Griechen im 8. – 7. Jh. v. u. Z. Doch beginnend mit dem 6. Jh. v. u. Z. wird die griechische Mathematik schnell um neue fundamentale Erkenntnisse bereichert: Sie ändert grundlegend ihre Methode, ihr Gegenstand wird ein anderer. Die Mathematik verwandelt sich bei den Griechen in eine abstrakte deduktive Wissenschaft, deren Untersuchungsgegenstand mathematische Begriffe sind. Logische Beweise, die auf einem System von Axiomen und schon bewiesenen Sätzen beruhen, werden die Methode zur Gewinnung und Sicherung neuer Wahrheiten. Die Griechen brachten als erste den Beweis in die Mathematik ein und gaben den Beweisen die logische Form, die sich bis heute erhalten hat.

Eben zu dieser Zeit beginnt die Geschichte der Mathematik als theoretisches Wissensgebiet. Gleichzeitig bildete sich auch der Gedanke heraus, daß die Mathematik eine universelle

Sprache zur Abbildung der Naturgesetze und ein Instrument zur Lösung praktischer Aufgaben ist.

Im Verlaufe von drei Jahrhunderten schufen die Gelehrten des antiken Griechenlands Theorien, deren Tiefe erst die Mathematiker des 19. und 20. Jahrhunderts wirklich begreifen und beurteilen konnten.

Der erste der bekannten Gelehrten des antiken Griechenlands war THALES von Milet (638/637—548/547 v. u. Z.). Möglicherweise begann gerade durch ihn die Umwandlung der ägyptischen und babylonischen Mathematik in eine deduktive Wissenschaft. Den Ruhm des Begründers der altgriechischen Mathematik teilt mit THALES der legendäre PYTHAGORAS von Samos (571/570 - 497/496 v. u. Z.), der die Geometrie aus einer Sammlung von Rezepten zur Lösung verschiedener Aufgaben in eine abstrakte Wissenschaft verwandelte, welche bereits nicht mehr Ackerflächen, das Fassungsvermögen von Kornspeichern, Dämme, Ziegelstapel und ähnliches, sondern geometrische Figuren betrachtete – also Abstraktionen, Idealisierungen gewisser Eigenschaften realer Objekte.

In der Schule des PYTHAGORAS entstanden Elemente der Zahlentheorie und die Lehre von den regulären Vielecken. Die Pythagoreer entdeckten die inkommensurablen Strecken, was zu einem Wendepunkt in der gesamten Geschichte der Mathematik wurde. Das große Verdienst der Pythagoreer besteht darin, daß sie die fundamentale Bedeutung der quantitativen Erscheinungsmerkmale der uns umgebenden Realität aufdeckten: Jede räumliche Form oder Erscheinung wird durch ein vollkommen bestimmtes Ensemble von Zahlen charakterisiert. Die Pythagoreer überbetonten jedoch die Rolle der Zahl. Sie erklärten die Zahlen nicht nur zu allmächtigen Gebietern und Gesetzgebern der Welt, sondern auch zum Ursprung der Dinge und Erscheinungen der uns umgebenden Realität.

Die Entdeckung von Strecken, deren Verhältnis durch keine Zahl ausgedrückt werden kann (genauer: durch keine positive rationale Zahl, denn nur solche Zahlen waren zu dieser Zeit bekannt), führte zu einer Krise der pythagoreischen Philosophie und hatte die Schaffung der sogenannten geometrischen Algebra zur Folge. Die Sätze, Regeln und Aufgaben der Algebra wurden in die geometrische Terminologie übersetzt und durch Verhältnisse zwischen Längen von Strecken und Flächen ebener Figuren ausgedrückt. Die geometrische Sprache begann man auch in der Zahlentheorie zu verwenden. Die Zahlen stellte man als Punkte dar oder trug sie durch eine bestimmte Zahl von Einheitsstrecken ab.

Im 5. Jh. v. u. Z. wurden die drei berühmten Probleme der Quadratur des Kreises, der Verdoppelung des Würfels und der Dreiteilung des Winkels formuliert (s. Aufgaben 26—28), welche die allgemeine Aufmerksamkeit auf sich zogen und eine große Rolle in der Geschichte der Mathematik spielten. Die Versuche, sie mit den Methoden der klassischen geometrischen Algebra zu lösen, und die Suche nach verschiedenen nichtklassischen Lösungswegen führten zur Einführung neuer Begriffe in die Mathematik sowie zur Ausarbeitung verschiedener Lösungsmethoden und -ansätze. Erst in der zweiten Hälfte des 19. Jh. konnten die Mathematiker eine erschöpfende Antwort auf jene Fragen geben, die von den altgriechischen Gelehrten mit diesen Problemen aufgeworfen worden waren.

Die Mathematiker hatten kaum die logischen Fundamente ihrer Wissenschaft nach deren Erschütterung durch die Entdeckung inkommensurabler Strecken gefestigt, als der Philosoph der Eleatischen Schule ZENO von Elea (um 490 bis um 430 v. u. Z.) seine 45 Aporien aufstellte (*απορια*– Sackgasse, Schwierigkeit, Ausweglosigkeit), in denen er in naiver und von der Mathematik weit entfernter Form auf die logischen Widersprüche hinwies, die der Begriff der Unendlichkeit in sich trug.

Bei der Betrachtung irgendeines Prozesses kann man annehmen, daß man nach jedem ausgeführten Schritt – beispielsweise bei einer geometrischen Konstruktion, einer arithmetischen oder algebraischen Operation – immer den nächsten Schritt tun kann. So kommt man zum Begriff der potentiellen (von lat. *potentia* – Möglichkeit) Unendlichkeit. Wenn man vom unendlichen Prozeß des Aufbaus einer Menge abstrahiert und sie als vollendete, gegebene Zusammenstellung aller ihrer Elemente als aktuell (von lat. *actualis* – das Wirkende) gegeben betrachtet, so kommt man zum Begriff der aktualen Unendlichkeit, der über Jahrtausende zu ernsthaften logischen Schwierigkeiten in Philosophie und Mathematik führte. Erst seit CANTOR beginnt man diese Schwierigkeiten zu überwinden.

Der jüngere Zeitgenosse ZENOS, der hervorragende materialistische Gelehrte DEMOKRIT von Abdera (um 460 — um 380 v. u. Z.), entwickelte die Vorstellung einer atomistischen Mathematik. Er betrachtete die Punkte als unteilbare Atome des Raumes, der ein endliches Volumen besitzt. Die Abschnitte einer Geraden sind dann endliche, wenn auch aus einer sehr großen

Anzahl von Elementen bestehende Punktmengen; die Teile einer Fläche setzen sich aus Summen von Strecken und die Körper aus Schichten von Flächen zusammen.

HIPPOKRATES, von Chios (5. Jh. v. u. Z.) entdeckte als erster die von Kreisbögen begrenzten Figuren (die Möndchen des HIPPOKRATES, welche in ihrer Summe einem rechtwinkligen Dreieck flächengleich sind. HIPPIAS von Elis (420 v. u. Z.) entdeckte eine Kurve – die Quadratrix, mit deren Hilfe er die Dreiteilung des Winkels durchführen konnte, und DINOSTRATUS (2. Hälfte des 4. Jh. v. u. Z.) beschäftigte sich mit dem Problem der Quadratur des Kreises und gab eine Lösung mittels einer transzendenten Kurve an. Eine außergewöhnlich scharfsinnige nichtklassische Lösung[1] der Aufgabe der Verdoppelung des Würfels fand zu dieser Zeit der hervorragende Mathematiker, Mechaniker, Philosoph, Musiktheoretiker und Politker ANCLYTAS von Tarent (um 428 – 365 v. u. Z.).

Bedeutende Resultate erzielte der griechische Mathematiker und Astronom EUDOXUS von Knidos (um 406 — um 365 v. u. Z.). Er schuf eine logisch einwandfreie, auch für inkommensurable Größen gültige Theorie der Proportionen, die bis zur zweiten Hälfte des 19. Jh. die vollkommenste Theorie der reellen Zahl war. EUDOXUS ist der Schöpfer der Exhaustionsmethode, die auf der Idee des Grenzwertes fußt. Durch Anwendung der Exhaustionsmethode gelang es, die Flächeninhalte und Volumina verschiedener Figuren zu bestimmen, die durch gekrümmte Linien und gekrümmte Flächen begrenzt werden. Bis zur Entwicklung der Integralrechnung war die Exhaustionsmethode der leistungsfähigste und allgemeinste Algorithmus für die Lösung von Aufgaben der Quadratur und Kubatur.

Die inkommensurablen Strecken waren die geometrische Form der Irrationalitäten, deren Siegeszug in der Mathematik nicht aufzuhalten war. Der Widerstand der Pythagoreer, die zu Sklaven ihrer beschränkten Zahlenphilosophie geworden waren, konnte diesen Prozeß nicht bremsen. Der bedeutende Mathematiker THEAITET von Athen (4. Jh. v. u. Z.) bewies neue wichtige Sätze über inkommensurable Strecken und lieferte die Klassifizierungsprinzipien für Paare inkommensurabler Strekken.

[1] Unter klassischer Lösung ist hier die Lösung mit Zirkel und Lineal zu verstehen, wobei beide Instrumente nur endlich oft benutzt werden dürfen.

Das Ende des 5. und der Beginn des 4. Jh. v. u. Z. waren das goldene Zeitalter der Geschichte Athens. Dort lebten und wirkten hervorragende Gelehrte der antiken Welt: ANAXAGORAS von Klazomenae, DEMOKRIT von Abdera, HIPPIAS von Elis, der Mathematiker THEODORUS von Kyrene, der Patriarch der antiken Medizin HIPPOKRATES von Kos, der Philosoph SOKRATES. PLATON gründete zu dieser Zeit die berühmte Akademie, ARISTOTELES das Lykeion, das Urbild der künftigen Universitäten.

Am Ende des 4. Jh. v. u. Z. betrat Makedonien die politische Szene, das sein »Apogäum« während der Herrschaft Alexanders des Großen (356 – 322 v. u. Z.) erreichte. Nach dessen Eroberungszügen verflochten sich die griechische Kultur und Sprache mit der Kultur der unterworfenen Völker, woraus die sogenannte hellenistische Kultur entstand.
Das war eine neue Epoche in der Geschichte der Gesellschaft und auch in der Geschichte der Mathematik.

Aufgaben

PYTHAGORAS VON SAMOS (571/570 – 497/496 v. u. Z.)

21. *Satz des Pythagoras:* Die Fläche des Quadrates über der Hypotenuse eines rechtwinkligen Dreiecks ist gleich der Flächensumme der Quadrate über seinen Katheten.

22. Die Summe einer beliebigen Anzahl aufeinanderfolgender ungerader Zahlen, beginnend mit eins, ist eine Quadratzahl.

23. Jede ungerade Zahl, außer eins, läßt sich als Differenz zweier Quadrate darstellen.

24. Es existiert eine unendliche Menge von Zahlentripeln $x, y, z \in N$, welche Lösungen der Gleichung $x^2 + y^2 = z^2$ sind.

Mit Hilfe der pythagoreischen Zahlentripel kann man beliebig viele Dreiecke konstruieren, deren Seitenlängen und Flächeninhalte sich durch natürliche Zahlen ausdrücken lassen. Solche Dreiecke werden auch heronische Dreiecke genannt, zu Ehren des griechischen Mathematikers HERON von Alexandria (1. Jh.).

25. Diagonale und Seite des Quadrates sind inkommensurabel.

Die drei berühmten Aufgaben der Antike

26. *Die Quadratur des Kreises:* Einzig mit Hilfe von Zirkel und Lineal ohne Teilungen ist in einer endlichen Zahl von Operationen ein Quadrat zu konstruieren, das einem gegebenen Kreis flächengleich ist.

Dies ist die älteste und populärste unter den berühmten mathematischen Aufgaben. Gelehrte verschiedener Zeiten, die nach ihrer Lösung suchten, bereicherten die Mathematik mit einer ganzen Reihe bedeutender Entdeckungen. Im Jahre 1882 entschleierte der deutsche Mathematiker F. LINDEMANN (1852–1939) das Geheimnis des Charakters der Zahl π – er bewies, daß sie transzendent ist. Daraus folgt, daß die Quadratur des Kreises in der klassischen Aufgabenstellung unmöglich ist. Bis zu diesem Zeitpunkt hatten die Wissenschaftler schon viele schöne nichtklassische Kreisquadraturen entdeckt. Die möglicherweise älteste von ihnen fand DINOSTRATUS (4. Jh. v. u. Z.), ein Schüler des EUDOXUS von Knidos.

Er verwendete dafür eine transzendente Kurve, die durch HIPPIAS von Elis (5. Jh. v. u. Z.) für die Lösung des Problems der Dreiteilung (s. Aufgabe 27) entdeckt worden war. Diese Kurve nannte LEIBNIZ (1646–1716) die Quadratrix.

27. *Das Delische Problem (Verdoppelung des Würfels):* Unter den Bedingungen der Aufgabe 26 ist die Kante eines Würfels zu konstruieren, dessen Volumen doppelt so groß ist wie das Volumen eines gegebenen Würfels.

Wenn die Kantenlänge a des gegebenen Würfels zu eins angenommen wird, läßt sich die Aufgabe auf die Konstruktion der Lösungen der Gleichung $x^3 = 2$ zurückführen. Ihre Unlösbarkeit in der klassischen Aufgabenstellung bewies 1837 der französische Mathematiker P. WANTZEL (1814–1848). Wie bei der Suche nach der Lösung des Problems der Quadratur des Kreises entwickelten die Wissenschaftler auch hier ein erstaunliches Gespür und fanden viele nichtklassische Lösungen des Delischen Problems. ERATOSTHENES von Kyrene schrieb eine der einfachsten mechanischen Lösungen dem bedeutenden Philosophen des antiken Griechenlands, PLATON, zu; siehe Lösung.[1]

[1] Das ist allerdings sehr zweifelhaft, denn PLATON war aus philosophischen Gründen ein heftiger Gegner der Anwendung mechanischer Hilfsmittel in der Mathematik.

28. *Die Trisektion des Winkels:* Unter den Bedingungen der Aufgabe 26 ist ein beliebiger Winkel in drei kongruente Winkel zu teilen.

Die Lösung des Problems führt auf die Konstruktion der Nullstellen einer kubischen Gleichung des Typs $x^3 + px + q = 0$ mit den Mitteln der geometrischen Algebra; sie ist in quadratischen Radikalen dann und nur dann lösbar, wenn sie eine rationale Nullstelle besitzt. Für einen beliebigen Winkel besitzt diese Gleichung keine rationale Nullstelle, deshalb ist auch diese Aufgabe mit den Mitteln der geometrischen Algebra nicht lösbar. Doch bis jetzt wird die Suche nach immer neuen nichtklassischen Methoden der Dreiteilung des Winkels nicht aufgegeben (und nicht ohne Erfolg). Betrachten wir eine solche (siehe Lösung).

HIPPOKRATES VON CHIOS
(5. Jh. v. u. Z.)

29. Die Summe der Flächen der Möndchen (des HIPPOKRATES), die zwischen dem Bogen eines Halbkreises über der Hypotenuse als Durchmesser und den Kreisbögen über den Katheten eines rechtwinkligen Dreiecks liegen, ist gleich dem Flächeninhalt des betrachteten rechtwinkligen Dreiecks (Bild 6).

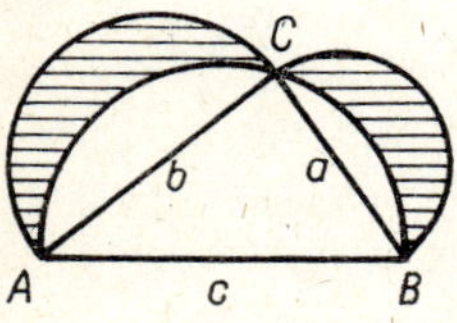

Bild 6

30. Es sind die Strecken x und y zu konstruieren, die mittlere Proportionale zwischen a und $2a$ sind, d. h. die der Gleichung $a : x = x : y = y : 2a$ genügen. Wenn a als Kante eines gegebenen Würfels angenommen wird, so ist x die Kante des Würfels, dessen Volumen doppelt so groß wie das Volumen des gegebenen Würfels ist.

31. *Die Aufgabe der Dido:* Wie die Sage erzählt, entfloh des Königs von Tyros Tochter DIDO (gest. um 890 v. u. Z.) ihrem Vater und nahm eine Schatulle voller Kostbarkeiten mit sich.

An der Nordküste Afrikas erklärte sich der König Numidiens IARBAS bereit, ihr ein Grundstück am Meeresufer zu verkaufen, »nicht größer, als man mit einer Stierhaut begrenzen kann«. DIDO schnitt die Haut in feine Streifen, knüpfte ein langes Seil der Länge l und begrenzte mit ihm die maximale Fläche. So wurde Karthago gegründet, dessen erste legendäre Königin DIDO wurde.

Welche Figur umgrenzte DIDO?

ZENO VON ELEA (um 490 – um 430 v. u. Z.)

32. *Dichotomie (Zweiteilung):* Eine Bewegung ist unmöglich, denn um die Entfernung $|AB| = 1$ zurückzulegen, muß ein Körper zuerst bei $\frac{1}{2}$ ankommen, um dorthin zu gelangen, muß er erst bei $\frac{1}{4}$ ankommen, usw; das heißt, er bewegt sich nicht vom Fleck, da es keine erste Strecke gibt, die der Körper zurücklegen muß.

33. *Achilles und die Schildkröte:* Der schnellfüßige Achilles kann die langsamere Schildkröte niemals einholen, wenn diese sich in einiger Entfernung vor ihm befindet.

Die ZENOschen Aporien machten auf logische Schwierigkeiten bei der begrifflichen Bewältigung der Unendlichkeitsproblematik aufmerksam. Sie gaben den Anstoß zu gründlichen Untersuchungen durch Philosophen und Mathematiker bis in unsere Tage. (Weiterführende Literatur dazu siehe im Literaturverzeichnis.)

HIPPIAS VON ELIS (5. Jh. v. u. Z.)

34. Unter Verwendung der Grundeigenschaft der Quadratrix (s. Lösung zur Aufgabe 26) ist die Trisektion eines beliebigen Winkels zu realisieren.

Die Griechen begannen tatsächlich ein qualitativ neues Kapitel der Geschichte der Mathematik. In der Tätigkeit der Pythagoreer wird das besonders augenfällig. Sie erschlossen den Mathematikern die Welt der Zahlen. Von der Schönheit der in ihr geltenden Gesetzmäßigkeiten gefesselt, suchten sie immer neue Eigenschaften bestimmter Teilmengen der Menge der natürlichen Zahlen aufzuspüren und zu beweisen. Dabei entdeckten sie interessante Zahlen und Zahlenfolgen. So führten die Pythagoreer die Begriffe gerade und ungerade Zahl, Primzahl und zusammengesetzte Zahl ein. Sie klassifizierten die Zahlen auch nach verschiedenen anderen Merkmalen und stellten sie mit Punkten in der Form von Figuren dar. Dabei betrachtaten sie Dreieckzahlen $\frac{1}{2}n\,(n+1)$, Quadratzahlen n^2, Rechteckszahlen $n\,(n+1)$, Fünfeckszahlen $\frac{1}{2}n\,(3n-1)$ und andere. Die Begriffe der vollkommenen und befreundeten Zahlen stammen ebenfalls von den Pythagoreern.

Mit genialer Intuition fanden die griechischen Mathematiker aus dem anfänglichen Chaos der Probleme diejenigen heraus, welche für die Entwicklung der Mathematik von ausschlaggebender Bedeutung waren. Sie setzten den Startpunkt zu dem Jahrtausende währenden Marathonlauf der Gelehrten verschiedener Epochen zur immer tieferen Ergründung der Geheimnisse der natürlichen Zahlen.

Im Prozeß der Lösung einzelner Aufgaben ergaben sich dabei neue Fragen, und es kam vor, daß sich auf diesem Wege gesonderte tiefgreifende mathematische Theorien herausbildeten. Das war insbesondere bei der Untersuchung von Problemen der Fall, die mit Primzahlen im Zusammenhang stehen. Euklid bewies die Unendlichkeit der Menge der Primzahlen (Nr. 38), Eratosthenes von Kyrene fand eine einfache Methode (das Sieb des Eratosthenes), wie man in der natürlichen Zahlenreihe solche Zahlen findet (Nr. 56 und 57). Vergeblich suchte man nach einer Formel, die bei allen zulässigen Werten der Variablen die Werte der aufeinanderfolgenden Primzahlen annimmt. Der geniale Gelehrte Leonhard Euler (1707—1783) schrieb, daß sich wohl kaum ein Mathematiker finden läßt, der nicht viel Zeit verwendet hätte, um die Geheimnisse der Primzahlen zu enträtseln. Einen großen Beitrag dazu leistete der russische Mathematiker P. L. Tschebyschew (1821 bis 1894). Er entdeckte unter anderem das asymptotische Gesetz der Verteilung der Primzahlen.[1] Wenn $\pi(x)$ die Zahl der Primzahlen kleiner als $x\,(x \in N)$ ist, so gilt, wie P. L. Tschebyschew

[1] Dieses Gesetz war auch schon C. F. Gauss bekannt.

fand, $\pi(x) \approx \frac{x}{\ln x}$; dabei bewegt sich der Fehler in den Grenzen $0{,}92129 < \pi(x) : \left(\frac{x}{\ln x}\right) < 1{,}10555$.

Die Primzahlen beinhalten auch heute noch unerwartete und ungewöhnlich komplizierte Rätsel. Darüber kann man sich in den im Literaturverzeichnis aufgeführten Büchern ausführlicher informieren.

Es versteht sich, daß die Zahlentheorie nur eine der zahlreichen mathematischen Disziplinen ist, deren Entwicklung bei den griechischen Mathematikern beginnt.

Lösungen

21. ▾ Einen möglichen Beweis siehe in Bild 32 und 35.

22. • Der Satz ist mit der Methode der vollständigen Induktion leicht zu beweisen. Die Pythagoreer bewiesen ihn geometrisch für Spezialfälle (Bild 7). Das Quadrat aus n^2 Kästchen kann man zusammensetzen, indem zu einem Kästchen nacheinander »Winkelhaken«-Gnomone aus 3, 5, 7, 9 usw. Kästchen – hinzugefügt werden.

23. • $2n + 1 = (n + 1)^2 - n^2$

24. • Das pythagoreische Zahlentripel x, y, z nennen wir einfach, wenn die x, y, z paarweise teilerfremd sind; alle sonstigen heißen abgeleitete Zahlentripel. Um alle pythagoreischen Tripel anzugeben, genügt es, die Menge aller einfachen Tripel zu finden. Wir schreiben die gegebene Gleichung in der Form $x^2 = (z^2 - y^2) = (z - y)(z + y)$. Es sei $z + y = m$, $z - y = n$, dann ist $z = \frac{m + n}{2}$, $y = \frac{m - n}{2}$, $x^2 = mn$, wobei $m > n$. Wegen x ungerade und $x^2 = mn$ gilt, falls m und n nicht teilerfremd wären: $m = m_1 d$, $n = n_1 d$ und $d > 1$. Dann gilt $z = \frac{m_1 + n_1}{2} d$, $y = \frac{m_1 - n_1}{2} d$.

Wir erhalten, daß y und z gemeinsame Teiler besitzen, was nicht möglich ist, also sind m und n teilerfremd. Aus $x^2 = mn$

sowie m und n teilerfremd folgt: $m = u^2$, $n = v^2$, wobei u und v teilerfremd sind und $u > v$ gilt. Endgültig erhalten wir:

$$x = uv,\; y = \frac{u^2 - v^2}{2}, \quad z = \frac{u^2 + v^2}{2}.$$

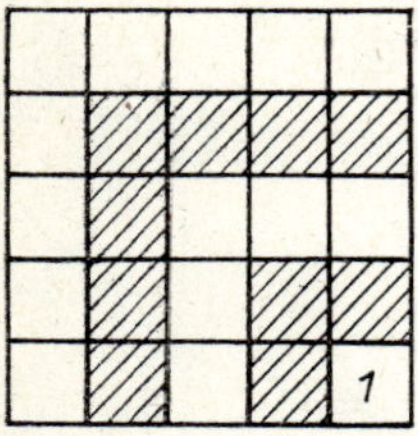

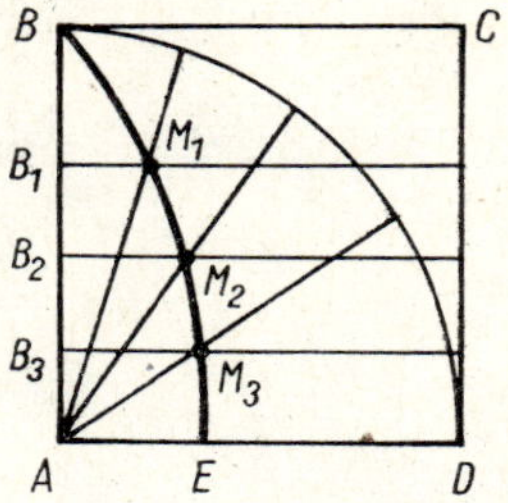

Bild 7 und Bild 8

25. • Wir nehmen an, daß Diagonale und Seite ein gemeinsames Maß besitzen. Das heißt, es existiert eine Längeneinheit, die auf der Quadratseite n-mal und auf der Diagonale m-mal abgetragen werden kann. Nach dem Satz des Pythagoras gilt $n^2 + n^2 = m^2$, oder $\frac{m^2}{n^2} = 2$. Der Bruch $\frac{m}{n}$ kann als unkürzbar angenommen werden. Wäre er kürzbar, würden wir m und n durch den gemeinsamen Teiler teilen. Dann ist allgemein von den Zahlen m und n eine gerade, die andere ungerade. Es sei m gerade und n ungerade, dann gilt $m = 2k$ ($k \in N$). Dann ist $2n^2 = (2k)^2$, $2n^2 = 4k^2$, $n^2 = 2k^2$. Aus der letzten Gleichung folgt, daß auch n eine gerade Zahl ist. Wir sind auf einen Widerspruch gestoßen. Folglich besitzen Seite und Diagonale des Quadrates kein gemeinsames Maß. Dies war möglicherweise das zuerst entdeckte Paar inkommensurabler Strecken.

26. • Im Quadrat $ABCD$ (Bild 8) drehe sich die Seite $\overline{AD}$ gleichmäßig um den Punkt A als Zentrum bis zur Lage $\overline{AB}$ und durchlaufe diesen Weg in t Zeiteinheiten. Gleichzeitig bewege sich die zu $\overline{AB}$ senkrechte Gerade gleichmäßig aus der Lage AD in die Lage BC und durchlaufe diesen Weg in derselben Zeit. Die Menge der Schnittpunkte der Strecke $\overline{AD}$ mit der sich drehenden Geraden zu jedem Zeitpunkt (die Punkte M_1, M_2, M_3, ...) bilden eine Kurve – die Quadratrix.

Aus der Konstruktion der Quadratrix folgt ihre Grundeigenschaft: Für beliebige Punkte der Quadratrix sind die Winkel, um die sich der bewegliche Strahl dreht, proportional den Entfernungen, die in der entsprechenden Zeit die bewegliche Gerade AD zurücklegt.

Wir beweisen indirekt, daß, wenn A das Zentrum von $\widehat{BF}$ mit dem Radius $|AB|$ und BME die Quadratrix ist, die Gleichung $l : |AD| = |AD| : |AE|$ gilt, wobei l die Länge des Bogens BFD des Viertelkreises ist (Bild 9). Wir nehmen an, daß gilt

$$l : |AD| = |AD| : |AK|, \tag{1}$$

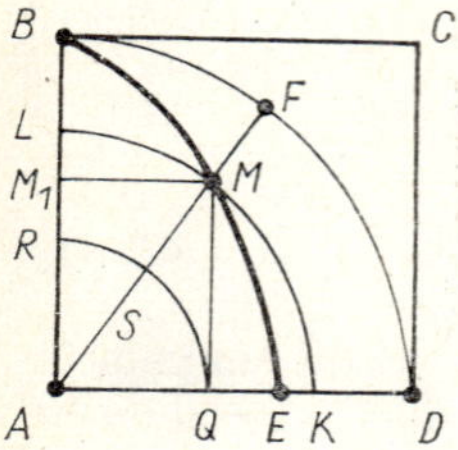

Bild 9

wobei $K \in \overline{ED}$ und $|AK| > |AE|$. Wir konstruieren KL, den Viertelbogen des Kreises. Er schneide die Quadratrix BME im Punkt M. Dann gilt

$$l : |\widehat{KML}| = |AD| : |AK|. \tag{2}$$

Aus den Verhältnisgleichungen (1) und (2) erhalten wir:

$$|\widehat{KML}| = |AD| = |AB|, \tag{3}$$

und aus der Eigenschaft der Quadratrix

$$l : |\widehat{DF}| = |\widehat{KML}| : |\widehat{KM}|. \tag{4}$$

Wir ersetzen aufgrund der Gleichung (3) $|\widehat{KML}|$ durch $|AB|$ und schreiben Gleichung (4) wie folgt:

$$l : |\widehat{DF}| = |AB| : |\widehat{KM}|. \tag{5}$$

Nun vergleichen wir (4) und (5) und erhalten $|AM_1| = |\widehat{KM}|$ bzw. $|MQ| = |\widehat{KM}|$. Die letztere Gleichung ist aber offenbar falsch, deshalb ist unsere Annahme, daß $l : |AD| = |AD| : |AK|$, wobei $|AK| > |AE|$, fehlerhaft. Damit ist bewiesen, daß das Verhältnis $l : |AD|$ nicht kleiner als das Verhältnis $|AD| : |AE|$ sein kann.

Wir nehmen nun an, daß

$$l : |AD| = |AD| : |AQ|, \tag{1'}$$

wobei $|AQ| < |AE|$. Dann gilt

$$l : |\widehat{QSR}| = |AD| : |AQ| . \tag{2'}$$

Durch Vergleich von (1′) und (2′) erhalten wir

$$|\widehat{QSR}| = |AD| = |AB| . \tag{3'}$$

Aus der Eigenschaft der Quadratrix folgt

$$l : |DF| = |AB| : |MQ| . \tag{4'}$$

Aus unserer Annahme ergibt sich

$$l : |\widehat{DF}| = |\widehat{QSR}| : |\widehat{QS}| . \tag{5'}$$

Wenn wir wegen (3′) $|\widehat{QSR}|$ durch $|AB|$ ersetzen, erhalten wir

$$l : |\widehat{DF}| = |AB| : |\widehat{QS}| , \tag{6'}$$

und durch Vergleich von (6′) und (4′) erhalten wir die ebenfalls falsche Gleichung $|MQ| = |\widehat{QS}|$. Folglich ist auch unsere zweite Annahme falsch und die Gleichung (1′) nicht erfüllt; das Verhältnis $l : |AD|$ kann auch nicht größer als das Verhältnis $|AD| : |AE|$ sein. Deshalb gilt:

$$l : |AD| = |AD| : |AE| .$$

Das heißt, die Aufgabe der Streckung (d. h. der Längenberechnung) des Bogens $\widehat{BD}$ des Viertelkreises ist auf das Auffinden des Punktes E der Quadratrix zurückgeführt. Wenn wir diesen Punkt konstruieren, finden wir die Länge von $\widehat{BD}$ durch Konstruktion der dritten Proportionalen zu $|AD|$ und $|AE|$. Das ist bereits eine triviale Aufgabe: $l = |AM|$ (Bild 10). (s. Aufgaben 44, 46, 47, 48, 77, 141, 162, 168, 175).

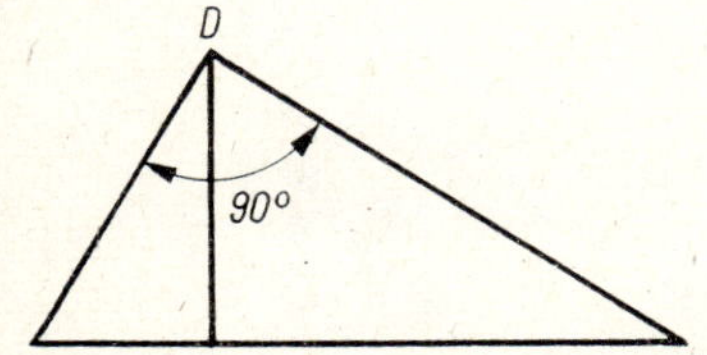

Bild 10

27. • Wir tragen auf zwei zueinander senkrechten Geraden von ihrem Schnittpunkt $|OC| = a$ und $|OD| = 2a$ ab (Bild 11). Wir legen zwei gleiche Zimmermannswinkel so, daß: 1. die

innere Kante eines von ihnen durch den gegebenen Punkt C führt und der Scheitelpunkt des rechten Winkels sich auf der senkrechten Geraden (On) befindet; 2. die äußere Kante des anderen Winkels durch den gegebenen Punkt D führt und sein Scheitelpunkt auf der waagerechten Geraden (Om) liegt; 3. sich die übrigen Kanten der Winkel berühren.

Wir nehmen $|OC| = a$ als Seite des gegebenen Würfels an, dann ist $|OB| = x$ die Seite des Würfels, dessen Volumen doppelt so groß wie das Volumen des gegebenen Würfels ist.

Es ist leicht zu zeigen, daß $a : x = x : y = y : 2a$, woraus $x^3 = 2a^3$ folgt.

Die PLATONsche Methode ist im Grunde eines der mechanischen Verfahren, zwei mittlere proportionale Strecken x und y zwischen die Strecken a und $2a$ einzufügen. Die Strecke x stellt die Lösung des Delischen Problems dar. Andere Lösungen dieser Aufgabe siehe in Nr. 30 und 58.

28. • Es sei $\sphericalangle AOB$ in drei kongruente Teile zu teilen. Wir legen einen Trisektor an einen der Schenkel des Winkels (Bild 12a) und ziehen einen Hilfsstrahl CD. Danach verschieben wir

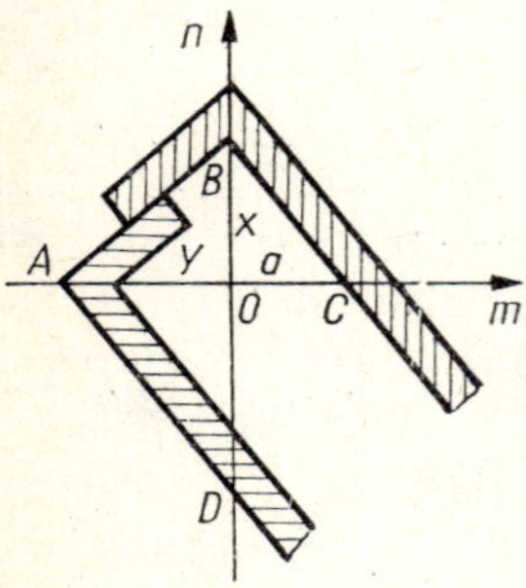

Bild 11

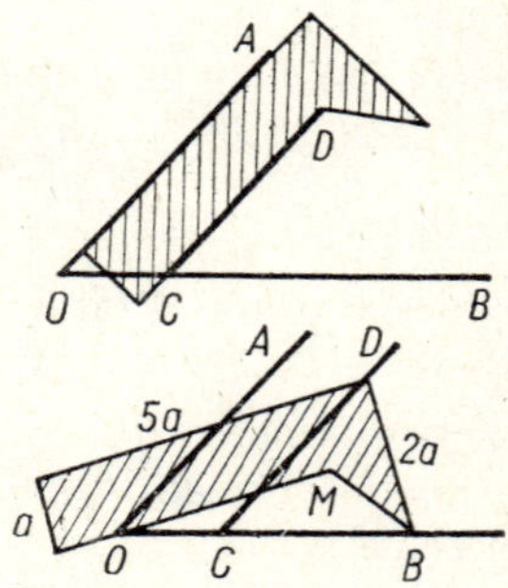

Bild 12

den Trisektor (Bild 12b) und fixieren den Punkt M. Dann ist $|\sphericalangle BOM| = \frac{1}{3} |\sphericalangle BOA|$.

Andere Lösungen siehe in den Aufgaben 34 und 51.

29. • $S_{\text{Möndchen}}$

$$= \frac{1}{2}\pi b^2 + \frac{1}{2}\pi a^2 - \frac{1}{2}\pi c^2 + \frac{1}{2}ab$$

$$= \frac{1}{2}\pi(a^2 + b^2 - c^2) + \frac{1}{2}ab = \frac{1}{2}\pi\, 0 + \frac{1}{2}ab = \frac{1}{2}ab\,.$$

30. • Es seien zwischen a und $2a$ zwei mittlere proportionale Strecken x, y gelegt. Dann gilt $\frac{a}{x} = \frac{x}{y} = \frac{y}{2a}$. Daraus folgt $ay = x^2$ und $y^2 = 2ax$. Durch offensichtliche Umformungen erhalten wir $a^2y^2 = x^4$ oder $a^2 \cdot 2ax = x^4$, woraus sich $x^3 = 2a^3$ ergibt. Mit Zirkel und Lineal ist diese Konstruktion also nicht ausführbar.

31. • Wenn das Grundstück mit einer gekrümmten Linie begrenzt wird, so ist die Lösung ein Halbkreis mit dem Mittelpunkt am Meeresufer. Im Falle eines rechtwinkligen, geradlinig begrenzten Territoriums bezeichnen wir die Länge der zum Meer senkrechten Seite des Rechtecks mit x; dann ist die Länge der zum Meer parallelen Seite $l - 2x$. Die Aufgabe führt auf die Berechnung des Maximums der Funktion

$$f(x) = x\,(l - 2x) = -2x^2 + lx = -2\left(x^2 - \frac{l}{2}\,x\right)$$

$$= -2\left(x^2 - 2x\frac{l}{4} + \frac{l^2}{16}\right) + \frac{l^2}{8} = \frac{l^2}{8} - 2\left(x - \frac{l}{4}\right)^2.$$

Die erhaltene Differenz wird am größten sein, wenn der Subtrahend $2\left(x - \frac{l}{4}\right)^2$ gleich Null ist. Deshalb ist der größte Funktionswert gleich $\frac{l^2}{8}$, wenn $x = \frac{l}{4}$.

32. • Die Entfernung $|AB| = 1$ wird als Summe einer unendlichen Menge von Strecken betrachtet, die in ihrer Gesamtheit gegeben sind, d. h. als aktual unendliche Menge $\left\{\frac{1}{2}, \frac{1}{2^2}, \frac{1}{2^3}, \ldots\right\}$. Mathematisch ist das Problem der Dichotomie leicht lösbar, denn $|AB| = \lim\limits_{n \to \infty} \left(\frac{1}{2} + \frac{1}{2^2} + \frac{1}{2^3} + \ldots + \frac{1}{2^n}\right) = 1$. Die Schwierigkeit der logischen Lösung besteht darin zu begreifen, wie lang die in dieser Reihe letzte Strecke ist. Wenn sie existierte, so würde das bedeuten, daß Raum und Zeit atomistisch, diskret sind; doch $\lim\limits_{n \to \infty} \frac{1}{2^n} = 0$. Also zeigt sich, daß eine letzte Strecke nicht existiert, ihre Länge wäre gleich Null.

33. • Es sei die anfängliche Entfernung zwischen ihnen gleich a, und Achilles laufe k-mal schneller als die Schildkröte. In der Zeit, in der Achilles die Entfernung a zurücklegt, kriecht die

Schildkröte $\frac{a}{k}$ weit, wenn Achilles $\frac{a}{k}$ zurücklegt, kriecht die Schildkröte $\frac{a}{k^2}$ weit usw. bis zur Unendlichkeit, das heißt, die Schildkröte wird immer eine gewisse Entfernung vor Achilles sein. Folglich, wenn die Bewegung begänne, würde sie niemals enden.

Achilles legt den Weg $S_A = a + \frac{a}{k} + \frac{a}{k^2} + \ldots$ zurück; die Schildkröte $S_S = \frac{a}{k} + \frac{a}{k^2} + \frac{a}{k^3} + \ldots$.
Man kann mittels der Summenformel der unendlichen geometrischen Reihe leicht ausrechnen, wo Achilles die Schildkröte einholt. Es gilt nämlich $S_A = a\left(1 + \frac{1}{k} + \left(\frac{1}{k}\right)^2 + \ldots\right) = a\frac{1}{1 - \frac{1}{k}}$ $= \frac{ak}{k-1}$ und $S_S = S_A - a$. Also holt Achilles die Schildkröte nach $\frac{ak}{k-1}$ Längeneinheiten ein.

34. • Es sei die Dreiteilung des $\sphericalangle MAB$ zu realisieren (Bild 13). Wir konstruieren die Quadratrix BK. Im Punkt $L_1 (L \in BK)$ errichten wir $\overline{L_1P} \perp \overline{AB}$, dann teilen wir $\overline{PB}$ in drei kongruente

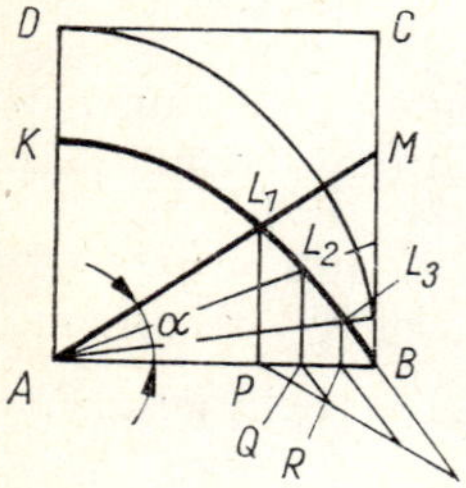

Bild 13

Teile: $|PQ| = |QR| = |RB|$; in den Punkten Q und R errichten wir Senkrechten zu $\overline{PB}$. Wir erhalten $L_2 \in BK$, $L_3 \in BK$. Wir errichten $\overline{L_2A}$ und $\overline{L_3A}$. Dann ist $|\sphericalangle L_1AL_2| = |\sphericalangle L_2AL_3| = |\sphericalangle L_3AB| = \frac{1}{3}|\sphericalangle MAB|$.

Die hellenistischen Länder und das Römische Kaiserreich

Die Epoche des Hellenismus beginnt mit der Zeit der Feldzüge ALEXANDERS des Großen außerhalb der Grenzen Griechenlands 332—323 v. u. Z. Nach dem Tod ALEXANDERS zerfiel das von ihm geschaffene Reich in einzelne Länder, in denen von seinen Heerführern begründete Dynastien herrschten.

Die größten Erfolge erreichte die Wissenschaft in Ägypten, dem Land der Dynastie der Ptolemäer. In der Landeshauptstadt Alexandria wurden ein wissenschaftliches Zentrum, das Museion, und mit ihm eine gewaltige Bibliothek geschaffen, die über 700000 Manuskripte beherbergte. Im Museion arbeiteten die hervorragendsten Gelehrten jener Zeit. Eine besondere Blüte erreichten in dieser Periode die exakten Wissenschaften, vor allem die Mathematik.

In der Epoche des Hellenismus wirkten bedeutende Gelehrte der antiken Welt: EUKLID (4. Jh. v. u. Z.), ARCHIMEDES von Syrakus (um 287—212 v. u. Z.), APOLLONIUS von Perga (um 262—190 v. u. Z.). Leider wissen wir fast nichts über das Leben EUKLIDS, des Autors der berühmten »Elemente« – des Buches, das über Jahrhunderte hinweg zum Vorbild für die Darstellungsweise wissenschaftlicher Theorien und zum Lehrbuch wurde, nach dem zahlreiche Generationen Geometrie studierten. ARCHIMEDES gehört zu den genialen Menschen, deren Werk für viele Jahrhunderte den Lauf des wissenschaftlichen Denkens bestimmte. Nach der Gewichtigkeit der erzielten Resultate und der Einmaligkeit des Talents können sich mit ihm nur NEWTON, EULER und GAUSS messen. Der Lebensinhalt ARCHIMEDES' war die Mathematik. Er schuf neue Methoden der Berechnung von Flächeninhalten und Volumina von Figuren, die von gekrümmten Linien und gekrümmten Flächen begrenzt werden; er entdeckte viele tiefliegende Gesetzmäßigkeiten in geometrischen Figuren; ihm sind hervorragende Entdeckungen in der Mechanik, der Hydrostatik und der Optik sowie technische Erfindungen zu verdanken.

Gemälde des Domenico Fetti, welches Archimedes darstellen soll. Archimedes, der wohl bedeutendste Mathematiker und Physiker der Antike, ging in seinen Forschungen Wege, die weit in die Zukunft wiesen. Im Mittelalter war sein Werk in Europa kaum bekannt. Erst in der Renaissance erfuhr es die ihm gebührende Achtung und Anerkennung. Seine wissenschaftlichen Ideen und Methoden haben noch in der Neuzeit anregend gewirkt, u. a. auf Galilei und Kepler.

Apollonius von Perga ist der Autor einer Reihe mathematischer Werke, darunter von 8 Büchern »Über Kegelschnitte« (erhalten sind 7 Bücher), in denen vollständig und tiefschürfend die Theorie der Kurven zweiter Ordnung dargelegt ist. Zur gleichen Zeit war in Alexandria Eratosthenes von Kyrene tätig, der sich mit Arithmetik, Geometrie, Astronomie, Chronologie, Geographie, Geschichte und Sprachkunde beschäftigte sowie selbst Verse schrieb. Zu ihm sandte Archimedes seine Schriften mit neuen Sätzen und Aufgaben. Durch Eratosthenes gab Archimedes den alexandrinischen Gelehrten das berühmte Rinderproblem weiter. Darin war die Anzahl der Stiere und Kühe von vier verschiedenen Farben in einer Herde zu berechnen. Die Aufgabe führt auf die Gleichung:

$$t^2 - 4\,729\,494\, u^2 = 1.$$

Die Anzahl der weißen Stiere ist gleich $1598 \cdot 10^{206541}$, insgesamt sind es $7766 \cdot 10^{206541}$ Stiere.

Allgemein bekannt wurde die Methode des Eratosthenes zur Zusammenstellung von Primzahl-Tabellen – das sogenannte Sieb des Eratosthenes.

Eratosthenes berechnete die Länge des Erdumfanges zu 252000 Stadien. Es wird angenommen, daß ein Stadion etwa gleich 157,7 m ist. Demnach beträgt derErdumfang nach Eratosthenes 39740400 m (nach modernen Messungen 40008400 m).

Gegen Ende des 3. Jh. v. u. Z. begannen die römischen Eroberungen. 212 v. u. Z. nahm die römische Armee Syrakus ein, wobei vermutlich durch das Schwert eines römischen Legionärs auch der große Archimedes fiel. Bis 146 v. u. Z. eroberten die Römer fast das gesamte griechische Festland und verwandelten es teilweise in eine Wüste. Blühende Städte lagen in Schutt und Asche, die Menschen kamen um, und kostbare Schätze der antiken Kultur gingen verloren. 31 v. u. Z. nahmen die römischen Legionäre Alexandria ein. Dabei verbrannte ein Teil der berühmten Bibliothek des Museion.

Die Bedingungen für wissenschaftliche Arbeit waren äußerst ungünstig, und in den von den Römern eroberten Ländern versiegten die mathematischen Erfolge fast gänzlich. Talentierte Ingenieure, Erfinder und Astronomen, die in Alexandria und anderen Städten tätig waren, lösten einzelne interessante Probleme und vervollkommneten Details in den großen Werken ihrer Vorgänger, konnten aber keine neuen produktiven Ideen entwickeln oder große verallgemeinernde Werke schaffen.

HERON von Alexandria (1. Jh.), ein talentierter Ingenieur und Erfinder, lehrte im Museion und konstruierte verschiedene Mechanismen und Automaten zu Unterhaltungszwecken. Sein Buch »Metrica« enthält die bekannte HERONische Formel für die Berechnung des Flächeninhalts eines Dreiecks.

MENELAUS von Alexandria (1.—2. Jh.) lieferte in seinem Werk »Sphaerica« eine systematische Darstellung der sphärischen Geometrie, des ersten vom euklidischen verschiedenen geometrischen Systems. Um die Mitte des 2. Jh. war in Alexandria der berühmte Astronom Claudius PTOLEMÄUS (gest. 170) tätig. Seine »Große Zusammenstellung« (»Almagest« – von griech. »das Größte«) enthielt ein mathematisches Modell der scheinbaren Bewegung der Himmelskörper, das bekannte Ptolemäische geozentrische Weltsystem.

Ein eigentümliches Wunder, ein Rätsel der Geschichte ist die »Arithmetica« des DIOPHANT von Alexandria, die im 3. Jh. erschien. Das Buch ist erstaunlich reich an neuen Ideen, interessanten Aufgaben und Problemen. An einige der Fragen DIOPHANTS haben sich Aufgabenstellungen angeschlossen, die bis heute nicht gelöst sind, obwohl hervorragende Mathematiker verschiedener Epochen und Völker an ihnen gearbeitet haben.

Zu Beginn des 4. Jh. war in Alexandria mit PAPPUS ein ausgezeichneter Kenner der antiken Mathematik tätig. Er ist der Autor eines interessanten Buches mit dem Titel »Mathematische Sammlung«, in dem eine Reihe wichtiger Sätze der elementaren und projektiven Geometrie formuliert und bewiesen sind.

In dieser Zeit wuchs der Einfluß der christlichen Religion, die zu Beginn unserer Zeitrechnung entstanden war. Die Vertreter der Kirche richteten ihren Haß gegen die gesamte antike Wissenschaft und Kultur. In den Flammen der Brände wurden nicht nur heidnische Tempel, sondern auch kostbare Schätze des menschlichen Gedankens – Bücher – vernichtet. Man verfolgte die Wissenschaftler oder brachte sie sogar um. So erschlug im April 415 in Alexandria ein Haufen christlicher Fanatiker die bekannte Philosophin und Mathematikerin HYPATIA von Alexandria, weil sie das Christentum nicht annehmen wollte.

529 schloß Kaiser JUSTINIAN die Athener Akademie, und die Gelehrten verließen Athen; die Mehrzahl von ihnen siedelte in den Iran um. Die wissenschaftlichen Zentren der antiken Welt hörten auf zu existieren.

Aufgaben

EUKLID
(um 365– um 300 v. u. Z.)

35. Es ist ein Parallelogramm mit dem gegebenen spitzen Winkel α zu konstruieren, das einem gegebenen $\triangle\ ABC$ flächengleich ist.

36. Es ist eine gegebene Strecke so in zwei ungleiche Abschnitte zu teilen, daß das Quadrat über dem größeren Abschnitt der Strecke flächengleich zu dem Rechteck ist, dessen eine Seite gleich der Länge des kürzeren Abschnitts und dessen andere gleich der gegebenen Strecke ist.

37. Von allen einem gegebenen Dreieck einbeschriebenen Parallelogrammen hat jenes die größte Fläche, dessen Basis gleich der Hälfte der Grundlinie des Dreiecks ist.

38. Die Menge der Primzahlen ist unendlich. In den »Elementen« EUKLIDS (Buch IX, Behauptung 20) ist der Satz so formuliert: Es gibt mehr Primzahlen als eine beliebig angenommene Anzahl von Primzahlen.

39. Eine Zahl a heißt vollkommen, wenn sie gleich der Summe ihrer sämtlichen Teiler, die kleiner als a sind, ist. Wenn p und $2^p - 1$ Primzahlen sind, so ist die Zahl $2^{p-1}(2^p - 1)$ vollkommen.

Die alten Griechen kannten die vier vollkommenen Zahlen 6, 28, 496, 8128; die fünfte – 33550336 – wurde im 15. Jh. berechnet; die neunte ermittelte 1883 der russische autodidaktische Mathematiker I. M. PJERWUSCHIN. 1978 errechnete eine Großrechenanlage in 440 Stunden die fünfundzwanzigste Primzahl des Typs $2^p - 1$: $2^{21701} - 1$. Das ergibt die fünfundzwanzigste vollkommene Zahl $2^{21700} \cdot (2^{21701} - 1)$.

1979 wurde mit einem Großrechner die 27te vollkommene Zahl bestimmt: $2^{44496}(2^{44497} - 1)$.

Die größte bisher bekannte Primzahl ist $2^{86243} - 1$. Sie wurde von D. SLOWINSKI 1983 mit dem Großrechner Gray I ermittelt und hat 25962 Dezimalstellen. Primzahlen vom Typ $2^p - 1$ heißen MERSENNEsche Primzahlen (nach M. MERSENNE, 1588–1648).

40. Wenn die Summe der Teiler der Zahl n, die kleiner als n sind, gleich m ist, und die Summe der Teiler von m, welche kleiner als m sind, gleich n, so heißen die Zahlen n und m befreundete Zahlen. Man zeige, daß 220 und 284 befreundete Zahlen sind.

Die alten Griechen kannten nur dieses eine Paar befreundeter Zahlen. Bis jetzt sind mehr als 600 Paare befreundeter Zahlen berechnet worden. Die befreundeten Zahlen geben den Mathematikern auch heute noch zahlreiche Rätsel auf.

41. Es ist ein Winkel zu halbieren, dessen Scheitelpunkt nicht zugänglich ist.

42. Wenn auf den Katheten und der Hypotenuse eines rechtwinkligen Dreiecks irgendwelche ähnlichen Figuren A, B, C errichtet werden, bei denen die Katheten und die Hypotenuse des rechtwinkligen Dreiecks einander entsprechende Seiten sowie S_A, S_B und S_C die Flächen der konstruierten ähnlichen Figuren sind, so gilt $S_A + S_B = S_C$ (Bild 14).

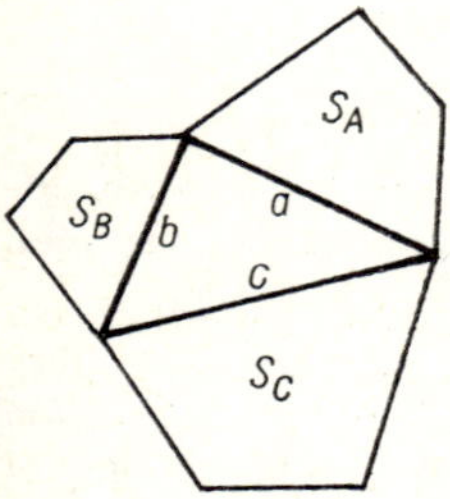

Bild 14

Den bewiesenen Satz (»Elemente«, Buch VI, Behauptung 31) kann man als verallgemeinerten Satz des Pythagoras betrachten. Der griechische Philosoph Proklus (410–485), der Kommentator von Euklid, schrieb, daß man dieser Form des Pythagoreischen Lehrsatzes den Vorrang vor anderen gab, weil sie das Wesen der Sache tiefer zum Ausdruck bringt.

43. Es sind die Gleichungen zu beweisen, die Euklid in den »Elementen« formulierte und unter Verwendung von Verhältnissen zwischen geometrischen Figuren bewies.

a) $ab + \left(\frac{a+b}{2} - b\right)^2 = \left(\frac{a+b}{2}\right)^2.$

b) $a^2 + b^2 = 2\left[\left(\frac{a+b}{2}\right)^2 + \left(\frac{a+b}{2} - b\right)^2\right].$

c) $(2a+b)^2+b^2=2[a^2+(a+b)^2]$.

d) $\sqrt{a}\pm\sqrt{b}=\sqrt{a+b\pm 2\sqrt{ab}}$.

e) $\sqrt{a\pm\sqrt{b}}=\sqrt{\frac{a+\sqrt{a^2-b}}{2}}\pm\sqrt{\frac{a-\sqrt{a^2-b}}{2}}$.

Archimedes
(um 287–212 v. u. Z.)

44. Die Fläche des einem Quadrat umbeschriebenen Kreises ist doppelt so groß wie die Fläche des dem Quadrat einbeschriebenen Kreises.

45. Wenn sich die Sehnen AB und CD eines Kreises mit dem Durchmesser d im Punkt E unter einem rechten Winkel schneiden, so gilt $|AE|^2+|BE|^2+|CE|^2+|DE|^2=d^2$.

46. Die Kreisfläche ist gleich der Fläche eines rechtwinkligen Dreiecks, dessen eine Kathete gleich dem Kreisumfang und dessen andere gleich dem Radius dieses Kreises ist.

47. Die Kreisfläche verhält sich zur Fläche des über seinem Durchmesser errichteten Quadrates etwa wie 11 : 14.

48. Der Umfang c eines Kreises mit dem Durchmesser d liegt in den Grenzen

$$3\frac{10}{71}d<c<3\frac{1}{7}d.$$

49. Die Fläche der Klinge eines Schustermessers (Arbelon) ist gleich der Fläche des Kreises mit dem Durchmesser BD (Bild 15).

50. Der Achsschnitt eines Salzfasses (Salion), für das $|AC|=|DB|$ gilt, ist einem Kreis mit dem Durchmesser $|FG|$ flächengleich (Bild 16).

51. Die Archimedische Dreiteilung des Winkels AED mit der Methode des »Einsatzes«. Wenn $|AE|=|BC|$, so ist $|\sphericalangle BEC|=\frac{1}{3}|\sphericalangle AED|$ (Bild 17).

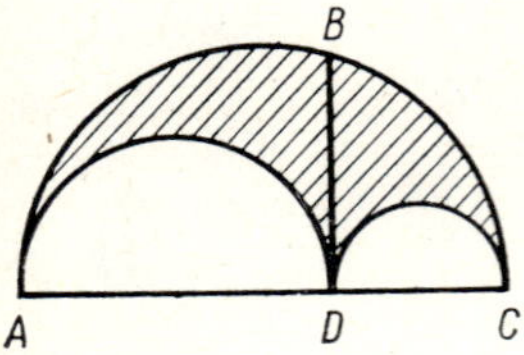

Bild 15

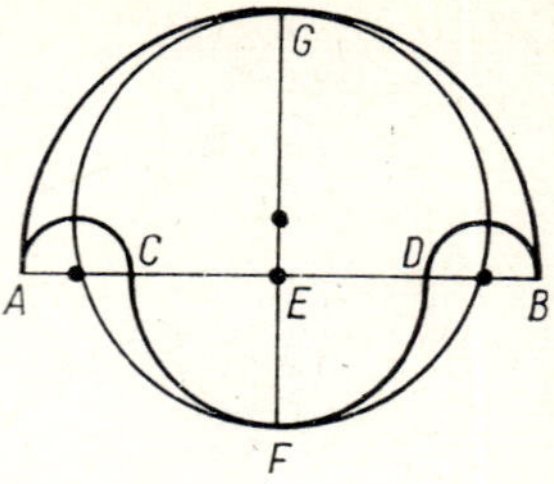

Bild 16

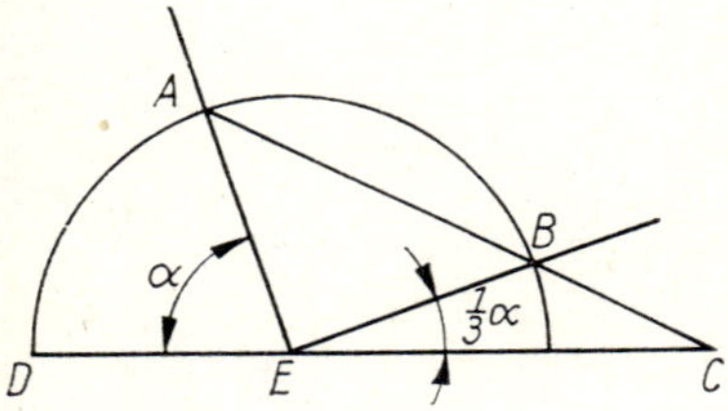

Bild 17

52. Die Volumina von Zylinder, Halbkugel und Kegel verhalten sich bei gleichem Radius und gleicher Höhe (Bild 18) wie 3 : 2 : 1.

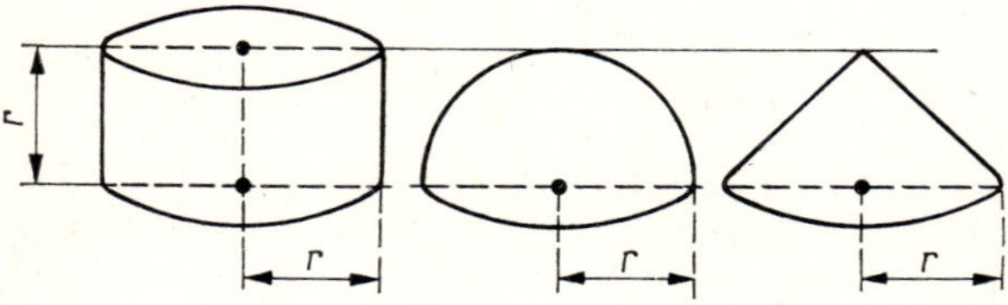

Bild 18

53. Plutarch (50—125 u. Z.) schrieb, daß Archimedes derart von seinem Hebelgesetz und den darauf beruhenden Maschinen begeistert war, daß er ausrief: »Gebt mir einen festen Punkt, und ich hebe die Erde aus den Angeln!« Der feste Punkt muß offensichtlich außerhalb der Erde liegen. Man berechne, welchen Weg das freie Ende des Hebels in 1 s zurücklegen würde, wenn es gelänge, die Erde um 1 m zu bewegen, deren Masse etwa $6 \cdot 10^{24}$ kg beträgt; ein Mensch kann in 1 s 60 kg auf die Höhe 1 m über der Erdoberfläche heben.

54. *Das Stomachion des Archimedes:* Ein Rechteck, dessen Seiten sich wie 1 : 2 verhalten, wurde in 14 Teile zerlegt (Bild 19). Man lege aus diesen Teilen die Silhouetten eines Huhns,

einer Mühle und eines Hahns (Bild 20). Die Teile des Rechtecks können mit der Ober- oder Unterseite auf den Tisch gelegt werden. Laut den Hinweisen von ARCHIMEDES ist es nicht notwendig, sie aneinander grenzend zu legen. Aber für die Abbildung jeder Figur sollen alle 14 Elemente des Stomachions verwendet werden.

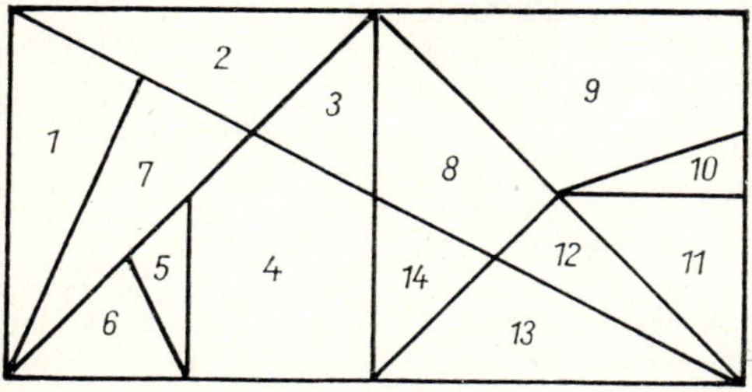

Bild 19

Bild 20

»Stomachion« bedeutet in der Übersetzung aus dem Griechischen »das, was Wut hervorruft«. Testen Sie Ihre Kräfte in diesem Spiel, und sie werden sich davon überzeugen, daß diese Bezeichnung gerechtfertigt ist. Das Spiel ist voller Überraschungen, es entwickelt die Findigkeit, schärft den Geist, übt den Blick zur Wahrnehmung von Linien und Formen. Das Stomachion ist der Patriarch unter den Geduldsspielen. Es unterlag einer 2000jährigen Prüfung und veraltete nicht, wie auch die Theoreme und Gesetze des ARCHIMEDES nicht veralteten.

55. Die Krone des Königs HIERON, gefertigt aus Gold und Silber, hat ein Gewicht von 10 kg. Im Wasser beträgt ihr Gewicht 93,55 % ihres Gewichtes an der Luft. Wenn bekannt ist, daß 1 kg Gold im Wasser $\frac{4}{77}$ kg und Silber $9\frac{11}{21}$ % an Gewicht verlieren, ist zu berechnen, wieviel Gold und Silber der Meister auf die Anfertigung der Krone verwendete.

Eratosthenes von Kyrene
(um 276–194 v. u. Z.)

56. Wenn in der natürlichen Zahlenreihe 2, 3, 4, . . ., n, . . . die Zahlen durchgestrichen werden, welche Vielfache der ersten r Primzahlen 2, 3, . . ., p_r sind, so ist die erste (die kleinste) nicht durchgestrichene Zahl eine Primzahl.

57. Wenn alle Zahlen durchgestrichen werden, die Vielfache aller Primzahlen bis $\sqrt{m}$ sind, d. h., wenn r so gewählt wird, daß $p_r \leqq \sqrt{m} \leqq p_{r+1}$, so bilden die Zahlen, welche übrigbleiben, die Menge aller Primzahlen, für die $\sqrt{m} < p \leqq m$ gilt.

Auf diesen Satz gründet sich die weithin bekannte Methode zur Zusammenstellung von Primzahlen – das Sieb des Eratosthenes – sowie dessen Modifikationen.

58. Zwischen den Leisten AB und CD sind aus einheitlichem Material gefertigte Modelle dreier kongruenter rechtwinkliger Dreiecke angeordnet (Bild 21). Das erste ist befestigt, das zweite und das dritte sind beweglich: Wenn K der Mittelpunkt von $|BD|$ ist und die Modelle des zweiten und dritten Dreiecks so aufgestellt sind, daß die Schnittpunkte der Dreiecksseiten N und L auf der Geraden AK liegen, so ist das Volumen des Würfels mit der Kante $|ML|$ doppelt so groß wie das Volumen des Würfels mit der Kante $|DK|$.

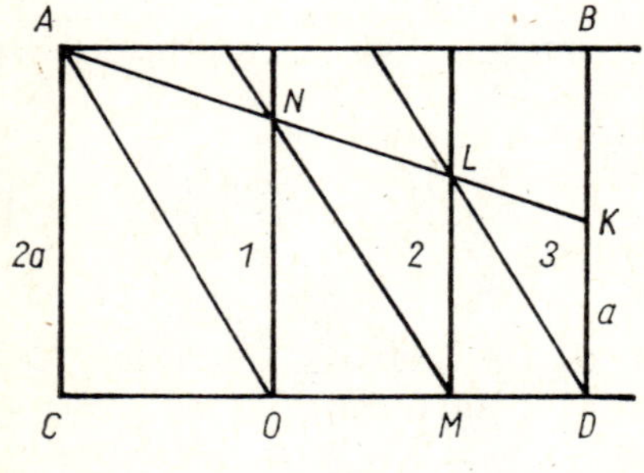

Bild 21

Die Vorrichtung des Eratosthenes heißt Mesolabium (Auffänger); damit wurden mittlere Proportionale ermittelt (»aufgefangen«). Der Gelehrte schätzte seine Erfindung hoch ein. Im Tempel des Königs Ptolemäus in Alexandria waren in Stein die Lösung des

Delischen Problems durch ERATOSTHENES und ein Auszug aus einem Brief des ERATOSTHENES an PTOLEMÄUS eingemeißelt, in dem von dieser Erfindung die Rede ist. Dort war auch ein Bronzemodell des Mesolabiums vorhanden. Später entwickelten Wissenschaftler viele andere Gerätekonstruktionen zur mechanischen Lösung des Delischen Problems.

APOLLONIUS VON PERGA
(um 262–190 v. u. Z.)

59. Es sind drei Figuren gegeben, von denen jede ein Punkt, eine Gerade oder ein Kreis sein kann. Man konstruiere einen Kreis, der durch jeden der gegebenen Punkte führt sowie jede der gegebenen Geraden und jeden der gegebenen Kreise berührt.

Die Aufgabe war in dem verlorengegangenen Werk des APOLLONIUS »Über die Berührung« enthalten. Die Lösung durch APOLLONIUS selbst ist ebenfalls verschollen. Als erster löste sie wieder Francois VIÈTE (lat.: Vieta).

Heutzutage werden in der Schule einzelne Varianten der Aufgabe des APOLLONIUS behandelt. Wahrscheinlich betrachtete auch APOLLONIUS die folgenden speziellen Fälle, bevor er einen Kreis konstruierte, der drei gegebene Kreise berührt:

1. Man konstruiere einen Kreis, der durch drei gegebene Punkte führt.
2. Man konstruiere einen Kreis, der drei gegebene Geraden berührt.
3. Man konstruiere einen Kreis, der zwei gegebene parallele Geraden berührt und durch einen Punkt führt, der zu dem aus den parallelen Geraden gebildeten Streifen gehört.
4. Man konstruiere einen Kreis, der durch einen gegebenen Punkt führt und zwei sich schneidende Geraden berührt.
5. Man konstruiere einen Kreis, der durch zwei gegebene Punkte führt und eine gegebene Gerade berührt.
6. Man konstruiere einen Kreis, der einen gegebenen Kreis berührt und durch zwei gegebene Punkte führt.
7. Man konstruiere einen Kreis, der drei gegebene Kreise berührt, die durch einen gegebenen Punkt führen.

Heron
(1. Jh.)

60. Wenn a, b, c die Seitenlängen eines Dreiecks sind und p dessen halber Umfang ist, so ist der Flächeninhalt des Dreiecks gleich:

$$S = \sqrt{p\,(p-a)\,(p-b)\,(p-c)}\,.$$

Die nach Heron benannte Formel war schon Archimedes bekannt, der sie bei der Lösung von Aufgaben verwendete. Diese Formel ist ein Spezialfall des Satzes des Brahmagupta (s. Aufgabe 79).

Menelaus
(1.—2. Jh.)

61. Wenn C_1A_1 die Seiten des $\triangle\, ABC$ oder deren Verlängerungen in den Punkten B_1, C_1 und A_1 schneidet, so gilt die Beziehung:

$$\frac{|BA_1|}{|A_1C|}\cdot\frac{|CB_1|}{|B_1A|}\cdot\frac{|AC_1|}{|C_1B|} = 1\,.$$

Claudius Ptolemäus
(gest. um 170 u. Z.)

62. Das Produkt der Diagonalen eines einem Kreis einbeschriebenen Vierecks ist gleich der Summe der Produkte der gegenüberliegenden Seiten.

63. *Altrömische Aufgabe (2. Jh.):* Ein Sterbender gebietet: »Wenn meine Frau einen Sohn gebiert, so soll ihm $\frac{2}{3}$ des Vermögens und das Übrige meiner Frau gegeben werden. Wenn aber eine Tochter geboren wird, so sei $\frac{1}{3}$ ihr und $\frac{2}{3}$ meiner Frau.« Es wurden Zwillinge geboren – ein Sohn und eine Tochter. Wie ist das Vermögen aufzuteilen, damit das Vermächtnis des Verstorbenen erfüllt wird?

Pappus
(4. Jh.)

64. *Satz des Pappus:* Wenn A, C, E drei Punkte auf einer Geraden und B, D, F drei Punkte auf einer zweiten Geraden sind, und wenn AB, CD, EF entsprechend DE, FA, BC schneiden, so sind ihre Schnittpunkte L, M, N kollinear (Bild 22). Dies ist ein grundlegender Satz der elementaren und projektiven Geometrie.

65. Das Parallelogramm, das über einer Seite eines beliebigen Dreiecks in dessen Innern so errichtet ist, daß zwei Eckpunkte des Parallelogramms außerhalb des Dreiecks liegen, ist flächengleich der Summe der Parallelogramme, die über den zwei anderen Dreiecksseiten so errichtet sind, daß ihre Seiten den entsprechenden Dreiecksseiten parallel sind und durch die Eckpunkte des ersten Parallelogramms führen (Bild 23).

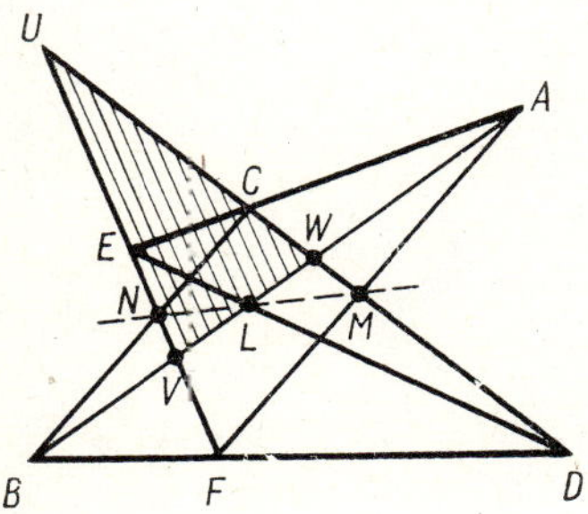

Bild 22

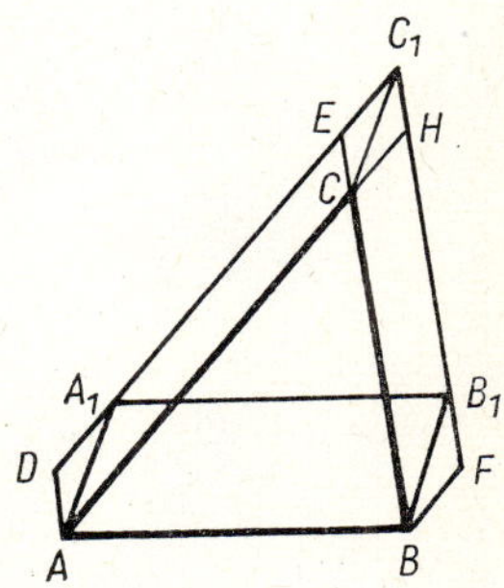

Bild 23

Diophant
(3. Jh.)

66. Eine gegebene Quadratzahl, zum Beispiel 16, ist in zwei Quadratzahlen zu zerlegen.

Dies ist die achte Aufgabe aus dem zweiten Buch der »Arithmetica« des Diophant. Gerade neben ihr machte der große französische Mathematiker Pierre Fermat auf dem Rand seines Exemplars des Werkes Diophants seine berühmte Bemerkung: »Dagegen ist es ganz unmöglich, einen Kubus in zwei Kuben, ein Biquadrat in zwei Biquadrate, und allgemein irgendeine Potenz außer dem Quadrat in zwei Potenzen von demselben Exponenten zu zerfällen. Hierfür habe ich einen wahrhaft wunderbaren Beweis entdeckt, aber der Rand ist zu klein ihn zu fassen.«[1]

Das ist der berühmte FERMATsche Satz, daß die Gleichung $x^n + y^n = z^n$ keine nichttriviale rationale Lösung für ein beliebiges $n > 2$ besitzt. Die Gültigkeit des Satzes ist für alle Primzahlen $n < 100000$ bewiesen. Für den Allgemeinfall gelang es noch niemandem, ihn zu beweisen. Es gibt Grund zu der Annahme, daß FERMAT sich bezüglich des vermeintlichen Beweises irrte und eine Überlegung, die irgendeinen Fehler enthielt, für einen Beweis erachtete.

67. Gesucht sind zwei nichtnegative Zahlen, deren Differenz 6mal größer ist als die Differenz ihrer Quadrate.

68. Es sind drei solche Zahlen zu finden, daß die Summe aller drei und die Summe je zweier eine Quadratzahl ist.

69. Man überprüfe die Identitäten aus der »Arithmetica« des DIOPHANT:

a) $$(a^2+b^2)(c^2+d^2) = (ac+bd)^2 + (ad-bc)^2,$$

b) $$\left(\frac{144}{x^4+900-60x^2}\right)\cdot 30 + \frac{60}{x^2-30} = \frac{60x^2+2520}{x^4+900-60x^2},$$

c) $$\frac{96}{x^4+36-12x^2} - \frac{12}{6-x^2} = \frac{12x^2+24}{x^4+36-12x^2}.$$

METRODORUS
(4. Jh.)

70. *Grabinschrift des Diophant:*

Unter dem Grabhügel ruht Diophantos. Tatsächlich ein Wunder:

[1] FERMAT, P. de: Bemerkungen zu Diophant. – In: Ostwalds Klassiker der exakten Wissenschaften. Band 234. – Leipzig: Akadem. Verlagsgesellschaft, 1932

Rechnerisch sagt uns der Stein, geistreich, das Alter des Mannes.

Über ein Sechstel des Lebens vergönnte der Gott ihm die Jugend,

schenkte den flaumigen Bart über ein Zwölftel ihm dann,

steckte nach fernerem Siebtel in Brand ihm die Fackel der Hochzeit,

sagte fünf Jahre danach gnädig den Sprößling ihm zu.

Elend der stattliche Junge: Nur halb so alt wie sein Vater

ward er, vom Froste entrafft, hoch auf dem Holzstoß verbrannt!

Durch arithmetische Forschungen suchte der Vater vier Jahre

lang noch zu bannen den Schmerz, ehe er selber verstarb.

Dieses Epitaphium, falls es zutreffend ist, ist das einzige, was wir aus der Biographie DIOPHANTS wissen. Es ist in der sogenannten Griechischen Anthologie enthalten und stammt aus der Feder von METRODORUS (4. Jh.), der in die Mathematikgeschichte als Autor interessanter Aufgaben einging, welche in Versform verfaßt sind. Die Aufgaben des METRODORUS fanden Eingang in handschriftliche Sammlungen und waren seinerzeit sehr verbreitet.

71. Die Tageszeit

»Sag mir, du tüchtigster Zeitmesser: Wieviel verfloß schon vom Tage?«

»Von dem Verfloßnen zwei Drittel mal zwei: das bleibt noch vom Ganzen.«

72. *Die Schüler des Pythagoras*

»Seliger Denker Pythagoras, Sproß helikonischer Musen, gib mir doch, bitte, die Auskunft: Wie viele Schüler in deinem Hause erstreben wetteifernd den Kampfpreis im geistigen Ringen?«

»Gerne erteile ich Antwort, Polykrates: Eifrig studiert die Hälfte die edle Mathematik. Der ewigen Physis widmet sich fleißig ein Viertel. Ein Siebtel befleißigt sich strengen Schweigens, behütet im Herzen niemals zerstörbare Werte.

Weiter gehören drei Frauen dazu, als Beste Theano.

So viele Jünger pierischer Mädchen erziehe ich heute.«

73. *Rätsel*

Einst gingen Eselin und Maultier
mit Wein beladen beide.
Unter der Last die Eselin stöhnte,
ihr Sohn vom Pferd, das Maultier,
fragte: »Mama, was ist geschehn,
daß wie ein junges Mädchen du gestöhnt?«
Sie gab zur Antwort, daß die Last sie drücke.
»Ach, willst wohl wie ein Mädchen springen!
Ich trage mehr, und doch ist's nicht zu schwer;
wenn ich von dir eins nähme, hätt ich das Doppelte des deinen.
Nähmest jedoch von mir du eins,
so wären uns're Lasten gleich verteilt«.
Wer diese Zahlen will erraten,
braucht nicht die Finger beider Hände.

74. Niedergeschlagen zeigte sich Eros. Da fragte ihn Kypris: »Was für ein Ärger peinigt dich, Junge?« Er gab ihr zur Antwort:
»Die Pieriden entrissen die Äpfel mir, die ich gerade holte vom Hélikon, stoben dann schnell wie der Wind auseinander.
Kleio entraffte ein Fünftel der Äpfel, Euterpe ein Zwölftel, aber ein Achtel die hehre Thaleia; und Melpoméne raffte ein Zwanzigstel fort, Terpsichóre dagegen ein Viertel; Muse Erato nahm sich den siebenten Teil von der Beute, dreißig vom Vorrat entführte Polymnia, einhundertzwanzig raubte Urania; und Kalliópe lud sich als Bürde dreihundert auf und suchte schwerfällig stapfend das Weite. Meinerseits komme zu dir ich mit mächtig erleichterten Armen, bringe an Äpfeln die fünfzig nur, die mir die Göttinnen ließen.«

Lösungen

35. • Wir errichten $|BD| = |DC|$, $|\sphericalangle EDC| = \alpha$, $\overline{CH} \parallel \overline{DE}$ und $\overline{AH} \parallel \overline{BC}$ (Bild 24). *EDCH* ist das gesuchte Parallelogramm.

36. • Es sei $\overline{AB}$ ($|AB| = a$) die gegebene Strecke (Bild 25).

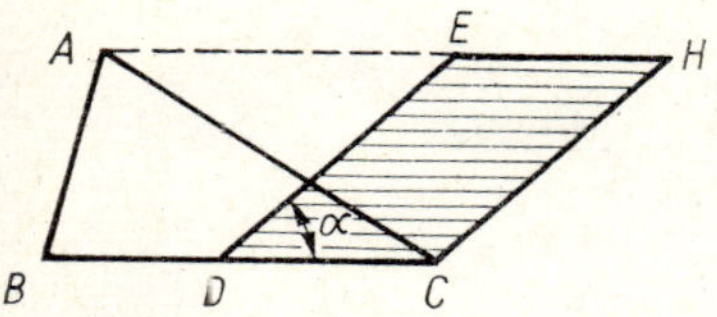

Bild 24

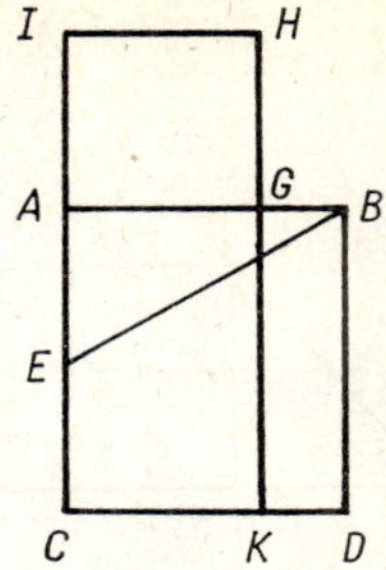

Bild 25

Sie ist so in zwei Abschnitte $\overline{AG}$ und $\overline{GB}$ ($|GB| = x$, $|AG| = a - x$) zu teilen, daß $a - x > x$ und $(a - x)^2 = ax$, das heißt

$$\frac{a}{a-x} = \frac{a-x}{x}. \qquad (1)$$

Wir errichten: 1. auf $\overline{AB}$ das Quadrat $ABDC$, 2. einen solchen Punkt $E \in \overline{AC}$, daß $|AE| = |EC|$, 3. $\overline{BE}$ und $\overline{EI}$ so, daß $|EI| = |BE|$. Nun errichten wir auf $\overline{AI}$ das Quadrat $AIHG$. Indem wir $\overline{HG}$ bis zum Schnittpunkt mit $\overline{CD}$ verlängern, erhalten wir $\overline{HG} \cap \overline{CD} = K$.

Wir zeigen: $S_{AIHG} = S_{BDKG}$, was dem Beweis der Gleichung (1) äquivalent ist. $S_{CIHK} + S_{|AE|^2} = S_{|EI|^2}$, d. h. $(2a - x) \times (a - x) + \left(\frac{a}{2}\right)^2 = \left(\frac{3}{2}a - x\right)^2$, oder $S_{CIHK} + S_{|AE|^2} = S_{|BE|^2}$. Wegen $S_{|BE|^2} = S_{|AE|^2} + S_{|AB|^2}$ (Satz des Pythagoras) gilt $S_{CIHK} + S_{|AE|^2} = S_{|AE|^2} + S_{|AB|^2}$, oder $S_{CIHK} = S_{|AB|^2}$. Das heißt, es ist die Gleichung $S_{CIHK} - S_{CAGK} = S_{|AB|^2} - S_{CAGK}$ erfüllt, woraus folgt $S_{AIHK} = S_{BDKG}$, oder $(a - x)^2 = ax$.

Dies ist der sogenannte Goldene Schnitt oder die Teilung nach demselben mittleren wie äußeren Verhältnis, welcher in Mathematik, Architektur, Kunst und Technik breite Anwendung findet.

37. • Es sei $BLMN$ das Parallelogramm, dessen Höhe h und dessen Basis $|BN| = x$ ist (Bild 26). Dann ist die Fläche $S_{BLMN} = hx$; $h = |BL| \sin |\sphericalangle ABC|$. Es sei $|BC| = a$. Wegen $\triangle CMN \sim \triangle ABC$ gilt

$$\frac{|MN|}{|BA|} = \frac{|BL|}{|BA|} = \frac{|NC|}{|BC|} = \frac{a-x}{a}, \text{ woraus folgt}$$

$$|BL| = \frac{|BA|}{a}(a-x), \quad h = \frac{|BA|}{a} \sin |\sphericalangle ABC| \, (a-x).$$

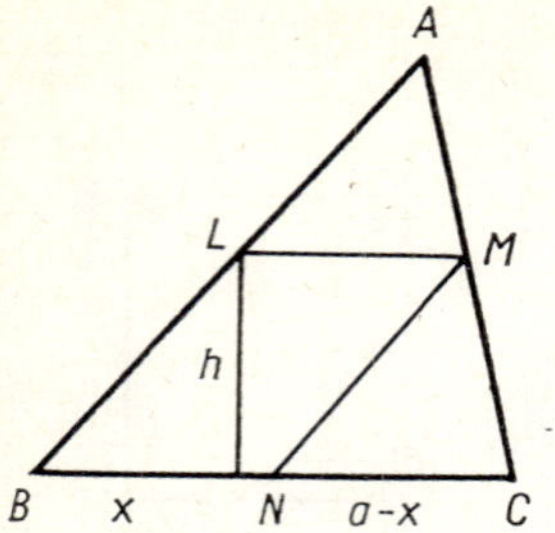

Bild 26

Dann gilt $S = \frac{|AB|}{a} x(a - x) \sin |\sphericalangle ABC|$. Da $|AB|$ und $\sin |\sphericalangle ABC|$ konstante Größen sind, läßt sich die Aufgabe auf die Bestimmung des Maximums des Faktors $x(a - x) = ax - x^2$ zurückführen. Wir betrachten die Funktion $y = ax - x^2$. Wir berechnen die Ableitung der Funktion y: $y' = a - 2x$. Ist $x \in \left[0, \frac{a}{2}\right)$, so ist $y' > 0$; im Intervall $\left(\frac{a}{2}, a\right]$ ist $y' < 0$. Da die Funktion y im Punkt $\frac{a}{2}$ stetig ist, besitzt $y = x(a - x)$ bei $\frac{a}{2}$ ein Maximum. Bei $x = \frac{a}{2}$ nimmt auch die Fläche des Parallelogramms $BLMN$ den größten Wert an, was zu beweisen war.

38. • Wir nehmen an, daß die Menge der Primzahlen endlich ist, dann existiert unter ihnen eine größte p. Wir multiplizieren alle Primzahlen: $2 \cdot 3 \cdot 5 \cdot \ldots \cdot p$, vergrößern das Produkt um eins und bezeichnen die Summe mit M, das heißt, $M = 2 \cdot 3 \cdot 5 \times \ldots \cdot p + 1$; $M > 1$, deshalb ist M entweder eine teilbare oder eine Primzahl. Wenn M eine Primzahl ist, so kommen wir zu einem Widerspruch, da $M > p$. Wenn M teilbar ist, so hat es wenigstens einen Primteiler (diesen Satz kann man beweisen). Da es keine Primzahl kleiner 2 gibt, ist der Primteiler größer als p, denn durch 2, 3, 5, ..., p ist die Zahl M nicht teilbar. Indem wir annahmen, daß es eine größte Primzahl gibt, sind wir auf einen Widerspruch gestoßen. Also ist die Annahme falsch; es existiert keine größte Primzahl. Die Menge der Primzahlen ist unendlich.

39. • Es sei in der Zahl $a = 2^{p-1}(2^p - 1)$ der Faktor in Klammern eine Primzahl. Dann sind die von a selbst verschiedenen Teiler dieser Zahl 1, 2, 4, ..., 2^{p-1}, $(2^p - 1)$, $2(2^p - 1)$, $4(2^p - 1)$, ..., $2^{p-2}(2^p - 1)$. Wir berechnen die Summe dieser

Teiler: $(1 + 2 + 4 + 8 + \ldots + 2^{p-1}) + (1 + 2 + 4 + 8 + \ldots + 2^{p-2})(2^p - 1) = (2^p - 1) + (2^{p-1} - 1)(2^p - 1) = 2^{p-1}(2^p - 1)$. Also ist die Zahl $2^{p-1}(2^p - 1)$ eine vollkommene Zahl.

40. • Die Summe der Teiler der Zahl 220, die kleiner als diese Zahl sind, ist $1 + 2 + 4 + 5 + 10 + 11 + 20 + 22 + 44 + 55 + 110 = 284$, und die Teilersumme von 284: $1 + 2 + 4 + 71 + 142 = 220$.

41. • Wir errichten $AB \perp w$ und $BC \perp v$. Die gesuchte Winkelhalbierende steht senkrecht auf der Winkelhalbierenden BB' des Winkels ABC und verläuft durch den Mittelpunkt von $\overline{BB'}$ (Bild 27).

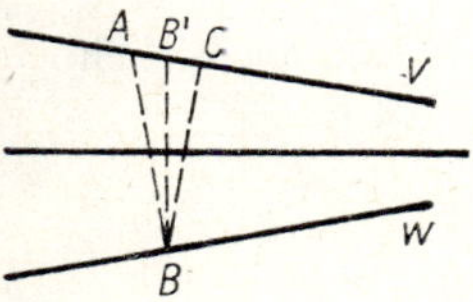

Bild 27

42. • Offensichtlich gilt $\frac{S_A}{S_C} = \frac{a^2}{c^2}$, $\frac{S_B}{S_C} = \frac{b^2}{c^2}$ bzw. $S_A \cdot c^2 = S_C \cdot a^2$ und $S_B \cdot c^2 = S_C \cdot b^2$. Addieren wir die letzten Gleichungen gliedweise, so erhalten wir $c^2 \cdot (S_A + S_B) = (a^2 + b^2) \cdot S_C$. Wegen $c^2 = a^2 + b^2$ folgt $S_A + S_B = S_C$.

48. • Es sei L_k die Seitenlänge eines regulären k-Ecks, das einem Kreis mit dem Radius eins einbeschrieben ist (Bild 28).

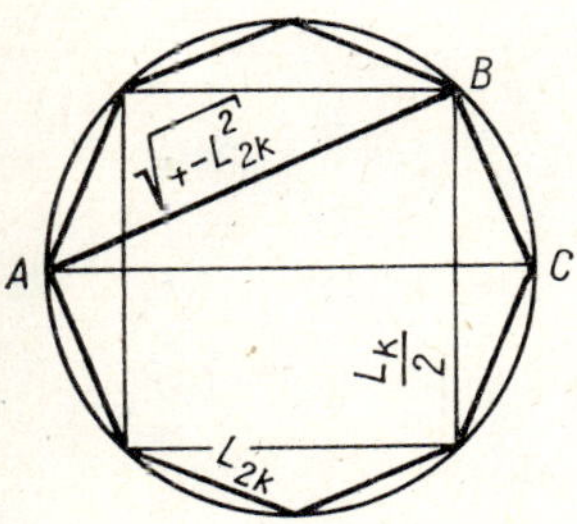

Bild 28

$$S_{\Delta ABC} = \frac{1}{2} L_{2k} \sqrt{4 - L_{2k}^2} = 2\left(\frac{L_k}{2}\right)\frac{1}{2}, \text{ woraus folgt}$$

$$L_{2k} = \sqrt{2 - \sqrt{4 - L_k^2}}\,.$$

Da $L_6 = 1$, berechnen wir unter Verwendung der Formel für L_{2k} schrittweise:

$$L_{12} = \sqrt{2 - \sqrt{4 - 1}} = \sqrt{2 - \sqrt{3}},$$

$$L_{24} = \sqrt{2 - \sqrt{4 - 2 + \sqrt{3}}} = \sqrt{2 - \sqrt{2 + \sqrt{3}}},$$

$$L_{48} = \sqrt{2 - \sqrt{2 + \sqrt{2 + \sqrt{3}}}},$$

$$L_{96} = \sqrt{2 - \sqrt{2 + \sqrt{2 + \sqrt{2 + \sqrt{3}}}}} \approx 0{,}06544.$$

Dann gilt für den Kreis mit dem Einheitsradius: $\pi|r| = \pi$, $\pi > 48L_{96}$; $\pi > 3\frac{10}{71}$. Die obere Grenze kann analog berechnet werden.

49. ● $$S_{\text{Arb}} = \frac{1}{2}\pi\left(\frac{|AC|}{2}\right)^2 - \frac{1}{2}\pi\left(\frac{|AD|}{2}\right)^2 - \frac{1}{2}\pi\left(\frac{|DC|}{2}\right)^2$$

$$= \frac{\pi}{8}(|AC|^2 - |AD|^2 - |DC|^2) = \frac{\pi}{8}[(|AD| + |DC|)^2$$

$$- |AD|^2 - |DC|^2] = \frac{\pi}{8}2|AD|\,|DC| = \frac{\pi}{4}|BD|^2$$

$$= \pi\left(\frac{|BD|}{2}\right)^2.$$

50. ● In heutigen Begriffen und Bezeichnungen kann man die Lösung des Archimedes wie folgt darstellen.
Wegen $|CE| = |DE|$ gilt

$$|DA|^2 + |CA|^2 = 2(|DE|^2 + |AE|^2). \tag{1}$$

Aus der Gleichung $|FG| = |DA|$ folgt, daß

$$|FG| = |EG| + |EF| = |EA| + |DE| = |AD|. \tag{2}$$

Gleichung (1) kann folgendermaßen geschrieben werden:

$$|FG|^2 + |CA|^2 = 2(|DE|^2 + |AE|^2). \tag{3}$$

Es ist aber $2|ED| = |CD|$ und $2|AE| = |AB|$.
Deshalb gilt

$$|AB|^2 + |CD|^2 = 4(|DE|^2 + |AE|^2)$$
$$= 2(|FG|^2 + |CA|^2). \tag{4}$$

ARCHIMEDES betrachtete alle diese Gleichungen als Verhältnisse zwischen den Flächen von Quadraten, die auf bestimmten Strecken errichtet sind. Weiterhin interpretierte er sie auch als Verhältnisse zwischen bestimmten Kreisflächen und gab in Wortform folgende Überlegungen wieder: Gleichung (4) kann man als Verhältnisse von Kreisflächen so angeben:

$$\pi |AB|^2 + \pi |CD|^2 = 2(\pi |FG|^2 + \pi |CA|^2),$$

oder $$\frac{1}{2}\pi |AB|^2 + \frac{1}{2}\pi |CD|^2 = \pi |FG|^2 + \pi |CA|^2. \qquad (5)$$

Da aber $$\pi |AC|^2 = \frac{1}{2}\pi |AC|^2 + \frac{1}{2}\pi |BD|^2,$$

gilt $$\frac{1}{2}\pi |AB|^2 + \frac{1}{2}\pi |CD|^2 - \frac{1}{2}\pi |AC|^2 - \frac{1}{2}\pi |BD|^2$$

$$|^2 = \pi |FG|^2,$$

was zu beweisen war.

51. • Dies ist eine der schönsten nichtklassischen Dreiteilungen. Die Lösung führt auf die Einsetzung der Strecke $|BC| = |AE|$ zwischen den Kreisbogen und die Gerade DE. Dann sind $\triangle BCE$ und $\triangle ABE$ gleichschenklig. Aus den Eigenschaften des Außenwinkels am Dreieck erhalten wir di Gleichung $|\sphericalangle DEA| = |\sphericalangle BAE| + |\sphericalangle BCE|$;

da aber $\sphericalangle BAE| = |\sphericalangle ABE| = 2|\sphericalangle BCE|$,

so gilt $|\sphericalangle DEA| = 2|\sphericalangle BCE| + |\sphericalangle BCE| = 3|\sphericalangle BCE|$,

oder $|\sphericalangle BCE| = \frac{1}{3}|\sphericalangle DEA|$.

53. ▾ $6 \cdot 10^{24} : 6 \cdot 10 = 10^{23}$; $1\text{ m} \cdot 10^{23} = 10^{20}\text{ km}$ (zum Vergleich: die Entfernung von der Erde zur Sonne beträgt etwa $1{,}5 \cdot 10^8$ km).

55. ▾ Gold: 7,1005 kg, Silber: 2,8995 kg

56. • Die zusammengesetzte Zahl n hat wenigstens einen Primteiler kleiner n. Wenn eine Zahl keinen einzigen Primteiler kleiner n besitzt, so ist sie eine Primzahl.

57. • Jede zusammengesetzte Zahl $\sqrt{M} < m \leqq M$ ist wenigstens durch eine Primzahl $p_i \leqq \sqrt{m} \leqq \sqrt{M}$ teilbar, d. h. durch eine der Zahlen 2, 3, ..., p_r ($p_r \leqq \sqrt{M} \leqq p_{r+1}$) und wird deshalb durchgestrichen. Die Primzahlen $p > \sqrt{M}$ sind nicht durch 2, 3, ..., p_r teilbar und werden also nicht durchgestrichen.

58. • Aus den Beziehungen $|KD| : |LM| = |LM| : |NO| = |NO| : |AC|$ und $|AC| = 2\,|KB|$ folgt, daß wir zwei mittlere Proportionale zwischen die Strecken $|KD|$ und $2\,|KD|$ gebracht haben, was einer nichtklassischen Lösungen des Delischen Problems entspricht (s. Aufgabe 27).

59. • Wir beschränken uns auf einen Fall: Es ist ein Kreis zu konstruieren, der zwei gegebene parallele Geraden und einen gegebenen Kreis berührt.

Es seien a und b die gegebenen Geraden und (O, r) der gegebene Kreis (Bild 29). In einem beliebigen Punkt A $(A \in a)$ errichten wir $AB \perp b$, durch den Mittelpunkt von $\overline{AB}$ – den Punkt C – legen wir die Gerade $c \parallel a$. Wir zeichnen den Kreis $(O, |r + |AC||)$ (bzw. mit dem Radius $|r - |AC||$). Wir fixieren den Schnittpunkt D des Kreises $(O, r + |AC|)$ mit der Geraden c, er ist der Mittelpunkt des gesuchten Kreises.

61. • Indem wir $\overline{CG} \parallel \overline{AB}$ konstruieren (Bild 30), erhalten wir zwei Paare ähnlicher Dreiecke: $\triangle AB_1C_1 \sim \triangle CGB_1$ und

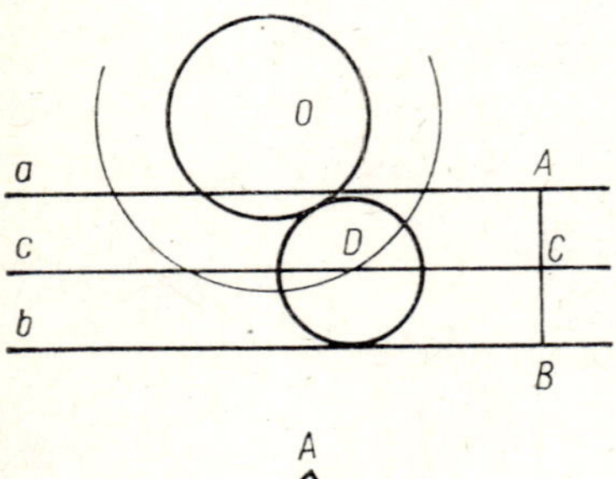

Bild 29

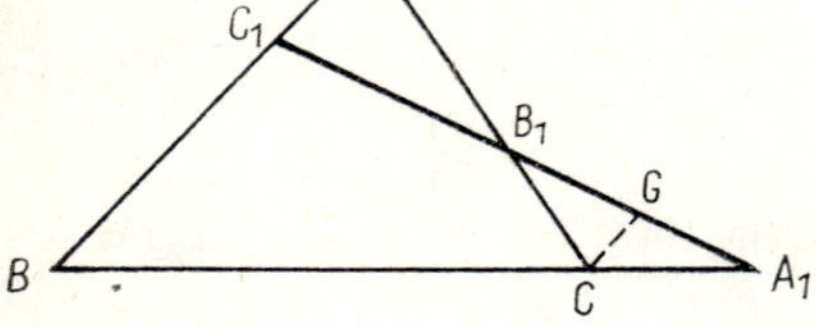

Bild 30

$\triangle BA_1C_1 \sim \triangle CA_1G$. Aus der Ähnlichkeit des ersten Paares folgt:

$$\frac{|AB_1|}{|B_1C|} = \frac{|C_1A|}{|CG|}, \tag{1}$$

aus der des zweiten Paares:

$$\frac{|BA_1|}{|A_1C|} = \frac{|C_1B|}{|CG|} \tag{2}$$

Wir teilen die zweite Proportion durch die erste und erhalten:

$$\frac{|BA_1|}{|A_1C|} : \frac{|AB_1|}{|B_1C|} = \frac{|C_1B|}{|AC_1|},$$

oder

$$\frac{|BA_1|}{|A_1C|} \cdot \frac{|B_1C|}{|AB_1|} = \frac{|C_1B|}{|AC_1|}. \tag{3}$$

Multiplizieren wir beide Seiten der Gleichung (3) mit $\frac{|AC_1|}{|C_1B|}$, erhalten wir die Beziehung, die zu beweisen war:

$$\frac{|BA_1|}{|A_1C|} \cdot \frac{|CB_1|}{|B_1A|} \cdot \frac{|AC_1|}{|C_1B|} = 1.$$

Diese Beziehung erweiterte Menelaus auf die Kugel und erhielt die entsprechende Proportionalität für die Sehne und den Bogen der Kugel. Aus diesem Satz folgerten Menelaus und Claudius Ptolemäus eine Reihe von Formeln der sphärischen Trigonometrie.

Den Satz des Menelaus kann man in allgemeiner Form formulieren: Wenn AB und BA_1 Geraden in der Ebene sind, $C_1 \in AB$, $C \in BA_1$ und $\overline{A_1C_1} \cap \overline{AC} = B_1$, so ist stets die bewiesene Gleichung erfüllt.

62. ● Es seien im Viereck $ABCD$ $|AB| = a$, $|BC| = b$, $|CD| = c$, $|DA| = d$, $|AC| = f$, $|BD| = l$ (Bild 31). Wir legen $\overline{BP}$ so, daß $|\sphericalangle ABP| = |\sphericalangle DBC|$ und $P \in \overline{AC}$. Dann gilt $\triangle ABP \sim \triangle DBC$ ($|\sphericalangle ABP| = |\sphericalangle DBC|$ laut Konstruktion und $|\sphericalangle BAP| = |\sphericalangle BDC|$, da sie Peripheriewinkel über ein und derselben Sehne des dem Viereck $ABCD$ umbeschriebenen Kreises sind.) Deshalb gilt $|AB| : |AP| = |BD| : |CD|$, oder

$|AB| \cdot |CD| = |AP| \cdot |BD|$, d. h.,

$$a \cdot c = |AP| \cdot l. \tag{1}$$

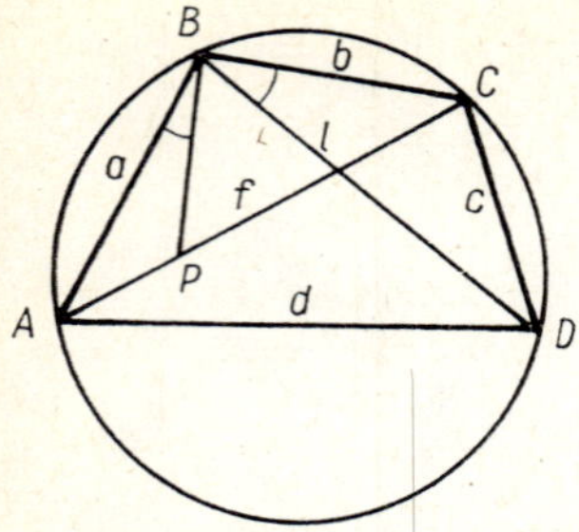

Bild 31

Aus der Ähnlichkeit von $\triangle PBC$ und $\triangle ABD$ erhalten wir $|BC| : |PC| = |BD| : |AD|$, woraus folgt, $|BC| \cdot |AD| = |PC| \times |BD|$, oder

$$b \cdot d = |PC| \cdot l. \tag{2}$$

Wir addieren gliedweise die Gleichungen (1) und (2) und erhalten: $a \cdot c + b \cdot d = (|AP| + |PC|) \cdot l = f \cdot l$, was zu beweisen war.

63. ▼ Die Vermögen des Sohnes, der Ehefrau und der Tochter des Verstorbenen müssen sich wie 4 : 2 : 1 verhalten.

64. ● Um nicht die Menge aller möglichen Varianten zu betrachten, beschränken wir uns auf den Fall, daß AB, CD und EF ein $\triangle UVW$ bilden. Indem wir auf die fünf Punkttripel (D, L, E), (A, M, F), $(B, C, N,)$, (A, C, E) und (B, D, F) den Satz des MENELAUS (s. Aufgabe 61) anwenden, erhalten wir:

$$\frac{|VL|}{|LW|} \cdot \frac{|WD|}{|DU|} \cdot \frac{|UE|}{|EV|} = 1; \quad \frac{|VA|}{|AW|} \cdot \frac{|WM|}{|MU|} \cdot \frac{|UF|}{|FA|} = 1;$$

$$\frac{|VB|}{|BW|} \cdot \frac{|WC|}{|CU|} \cdot \frac{|UN|}{|NV|} = 1; \quad \frac{|VA|}{|AW|} \cdot \frac{|WC|}{|CU|} \cdot \frac{|UE|}{|EV|} = 1;$$

$$\frac{|VB|}{|BW|} \cdot \frac{|WD|}{|DU|} \cdot \frac{|UF|}{|FV|} = 1.$$

Wenn wir gliedweise die ersten drei Gleichungen durch die zwei letzten teilen und die notwendigen Kürzungen ausführen, erhalten wir $\frac{|VL|}{|LW|} \cdot \frac{|WM|}{|MU|} \cdot \frac{|UN|}{|NV|} = 1$, was die Kollinearität der Punkte L, M, N, das heißt den Satz des PAPPUS, beweist.

65. ● $\triangle ABC \cong \triangle A_1B_1C_1$, $S_{ACC_1A_1} = S_{ACED}$, $S_{BB_1C_1C} = S_{BFHC}$, $S_{\text{Fig}\cdot ABB_1C_1A_1A} - S_{\triangle A_1B_1C_1} = S_{ABB\,C_1}$, $S_{\text{Fig}\cdot ABB_1C_1A_1} - S_{\triangle ABC} = S_{ACC_1A_1} + S_{BB_1C_1C} = S_{BD_1HC} + S_{ACED}$.

66. • Die Aufgabe führt auf die diophantische Gleichung $x^2 + y^2 = 16$. Für die Lösung von Gleichungen des Typs

$$x^2 + y^2 = a^2 \tag{1}$$

verwendete DIOPHANT zwei Methoden. Eine davon besteht darin, daß, wenn x_0 und y_0 rationale Lösungen der Gleichung (1) sind, man andere rationale Lösungen durch die Substitution

$$\begin{cases} x = x_0 + t, \\ y = y_0 + kt, \end{cases}$$

berechnen kann, wobei $k \in Q$. Nach der Substitution wird die Gleichung (1) zu einer quadratischen Gleichung bezüglich t. Für $x^2 + y^2 = a^2$ mit $a^2 = 16$ und der trivialen rationalen Lösung $(0, -4)$ können wir tatsächlich, indem wir die eine gesuchte Quadratzahl mit x^2 bezeichnen, die andere folgendermaßen finden: $y = 2x - 4$, $(k = 2)$, $y^2 = 4x^2 - 16x + 16$, da aber $y^2 = 16 - x^2$, so gilt $4x^2 - 16x + 16 = 16 - x^2$, $5x^2 = 16x$,

$$x = \frac{16}{5}, \quad x^2 = \frac{256}{25}, \quad y^2 = \frac{144}{25}.$$

Die Aufgabe läßt die unendliche Lösungsmenge $x = \frac{2ak}{k^2 + 1}$, $y = a\frac{k^2 - 1}{k^2 + 1}$ zu. Offenbar wußte DIOPHANT daß die Lösungsmenge von Gleichungen des Typs (1) unendlich ist.

67. • Die Aufgabe führt auf die Gleichung $x - y = 6(x^2 - y^2)$, bzw. $x + y = \frac{1}{6}$. Die Lösung ist die unendliche Menge der Paare $\left(0; \frac{1}{6}\right)$, $\left(\frac{1}{18}; \frac{1}{9}\right)$ usw.

68. • Es sei die Summe der drei gesuchten Zahlen gleich $x^2 + 2x + 1$, die Summe der zweiten und der dritten $x^2 - 2x + 1$, die Summe der ersten zwei x^2. Dann ist die dritte Zahl gleich $2x + 1$, die zweite $x^2 - 4x$, und die erste $(6x + 1)$ muß eine Quadratzahl sein. Es sei $(6x + 1) = 121$, woraus $x = 20$ folgt.

Folglich ist die erste Zahl gleich 80, die zweite 320 und die dritte 41.

70. • Die Aufgabe führt auf die Gleichung $\frac{1}{6}x + \frac{1}{12}x + \frac{1}{7}x + 5 + \frac{1}{2}x + 4 = x$. DIOPHANT lebte 84 Jahre.

71. ● Die Aufgabe führt auf die Auflösung der Gleichung $\frac{4}{3}x + x = 12$. Folglich ist $x = 5\frac{1}{7}$.

73. ▼ Das Maultier trug 7, die Eselin 5 Säcke.

74. ● Wir bezeichnen die Zahl der Äpfel, welche Eros getragen hatte, mit x. Dann führt die Aufgabe auf die Gleichung $x - \frac{1}{12}x - \frac{1}{5}x - \frac{1}{8}x - \frac{1}{20}x - \frac{1}{4}x - \frac{1}{7}x - 30 - 120 - 300 = 50$ oder $\frac{25}{168}x = 500$. Also ist $x = 3360$.

▼ Kleio nahm 672 Äpfel, Euterpe 280, Thaleia 420, Melpoméne 168, Terpsichóre 840 und Erato 480.

Indien

Die ersten mathematischen Texte der indischen Mathematik stammen aus dem 2. und 1. Jahrtausend v. u. Z. Es sind Traktate, zum Beispiel die »Śulvasūtras« (»Schnurregeln«), in denen verschiedene Regeln zum Messen und zum Bau von Tempeln, Opferaltären und anderen Kultstätten dargelegt werden. Im 4. Jh. erscheinen astronomisch-mathematische Werke – die »Siddhāntās« (Lehrwerke). Die Mehrzahl von ihnen sind in Versform, in der Sprache der heiligen Bücher der Brahmanen – in Sanskrit – verfaßt; ihre Darstellungsweise ist dogmatisch. Zeichnungen, Formeln und Beweise fehlen noch. Die Autoren formulieren Algorithmen für Rechnungen mit Zahlen, geben Regeln zur Lösung bestimmter Aufgaben an und führen Muster zur Lösung gewisser Übungsaufgaben vor. In der indischen Mathematik wurde nicht einmal der Versuch gemacht, eine deduktive mathematische Theorie ähnlich den »Elementen« des Euklid aufzubauen.

Das Zahlensystem war dekadisch. Früh zeigte sich die Neigung der indischen Mathematiker zum Operieren mit großen Zahlen, weshalb es im Sanskrit sogar Bezeichnungen für Zahlen des Typs 10^n für einige $n > 50$ gibt.

Im 6. Jh. verbreiteten sich die Brâhmi-Ziffern, unter denen es spezielle Zeichen für die Zahlen 1—9 gab. Das wurde die Voraussetzung zur Schaffung des dekadischen Positionssystems. Die ersten Angaben darüber finden wir in einer Handschrift des christlichen Bischofs Sebōkht aus dem Jahre 662. In einer Wandinschrift, die aus dem Jahre 876 stammt, erscheint die Null – dort ist nämlich die Zahl 270 notiert.

Eine der Bezeichnungen der Null, »śūnya« (das Leere), übersetzten arabische Gelehrte mit dem Wort »sifr«, während die Europäer in lateinischer Sprache einfach das Wort *ciffra* schrieben, woher auch der Begriff »Ziffer« stammt.

Das Positionssystem ist die hervorragendste Errungenschaft der indischen Mathematik.

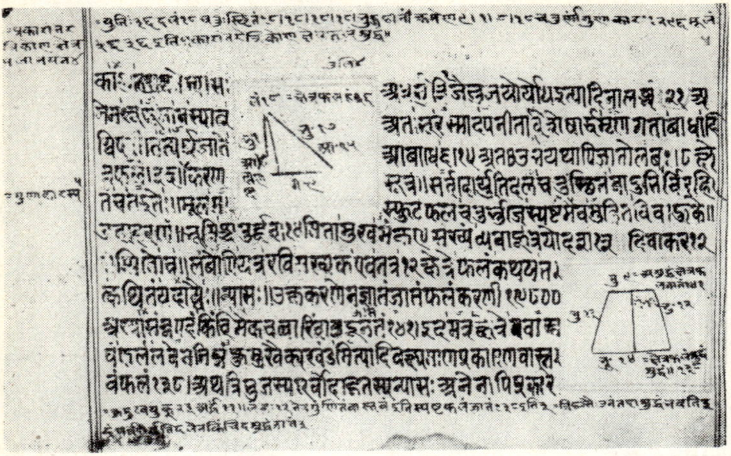

Geometrische Probleme aus dem »Lilāvati« von Bhāskara. Bhāskara widmete den vornehmlich arithmetische Probleme behandelnden ersten Teil seines grundlegenden Werkes »Siddhāntā-schiromani« einer schönen Frau zur Erbauung und Belehrung (Kopie etwa 1710).

Unsere Arithmetik ist ohne Zweifel indischer Abstammung. Die indischen Gelehrten arbeiteten Regeln für arithmetische Operationen aus, die auf dem dekadischen Stellenwertsystem beruhen – die vier Grundrechenarten, Quadrieren und Kubieren, Radizieren von quadratischen und Kubikwurzeln. Die Rechnungen wurden auf einer Rechentafel ausgeführt, die mit Staub oder Sand bedeckt war. Deshalb wurde das Rechnen als »Arbeit mit Staub« bezeichnet.

Eine bedeutende Errungenschaft der indischen Mathematik war die Schaffung einer entwickelten algebraischen Symbolik. Zum ersten Mal erscheinen Bezeichnungen für mehrere Unbekannte, das freie Glied einer Gleichung und für Potenzen. Für die Mehrzahl der Symbole dienen die ersten Silben der entsprechenden Sanskritbegriffe. Zum Beispiel hieß die unbekannte Größe »yāvat-tāvat« (»soviel-wieviel«) und wurde mit der Silbe »yā« bezeichnet. Wenn mehrere Unbekannte auftraten, gab man ihnen Farbnamen.

Blütezeit der indischen Mathematik waren das 5.–12. Jh. In dieser Zeit waren hervorragende Gelehrte tätig.

Einen besonders großen Einfluß auf die weitere Entwicklung der indischen Astronomie und Mathematik hatte die Tätigkeit des orientalischen Kopernikus – Āryabhaṭa I. (geb. 476). Seine Abhandlung »Āryabhaṭīya« wurde zum Wendepunkt in der Entwicklung der exakten Wissenschaften in Indien.

Nachfolger und Kommentator der Ideen Āryabhaṭas I. war Bhāskara I. (7. Jh.), der in seinen Abhandlungen die Theorie diophantischer Gleichungen ausarbeitete und astronomische Probleme behandelte.

In die Mitte des 9. Jh. fällt das Wirken von Mahāvīra, des Autors des »Kurzen Kursus der Mathematik«, des ersten indischen Traktates, das vollständig der Mathematik gewidmet ist. Dem Umfang nach ist dieses in Versen geschriebene Werk wesentlich größer als alle Arbeiten der Vorgänger und Zeitgenossen Mahāvīras.

Eine große Bedeutung für die Entwicklung der physikalisch-mathematischen Wissenschaften in Indien hatte das Wirken des bedeutenden indischen Astronomen und Mathematikers Bhāskara II. (1114 – um 1185). Noch zu Lebzeiten des Gelehrten wurden spezielle Schulen gegründet, in denen man seine Werke studierte. Seine Abhandlungen »Līlāvati« und »Bījagaṇita« gelten der Mathematik. Bis heute konnte nicht festgestellt werden, wen der Gelehrte mit solch zärtlichem Namen bedachte –

die Arithmetik, der seine »Lilāvati« gewidmet ist, oder seine Tochter.

Die Abhandlung »Bījagaṇita« befaßt sich mit der Algebra und einigen geometrischen Problemen. Unter anderem gibt BHĀSKARA II. dort seine zwei unmittelbar einleuchtenden Beweise des Pythagoreischen Lehrsatzes an. Mit Hilfe der Regeln

$$\sqrt{a+\sqrt{b}} = \sqrt{\frac{a+\sqrt{a^2-b}}{2}} + \sqrt{\frac{a-\sqrt{a^2-b}}{2}}$$

$$\sqrt{a+b+2\sqrt{ab}} = \sqrt{a} + \sqrt{b}$$

führte er Umformungen quadratischer Irrationalitäten aus und vereinfachte auf diese Weise recht komplizierte Ausdrücke (s. Aufgabe 87).

Die indischen Mathematiker führten negative Zahlen ein und interpretierten sie richtig. So nannte BRAHMAGUPTA (geb. 598) die positiven Zahlen Vermögen und die negativen Schuld und gab unter Verwendung dieser Begriffe Regeln für Operationen mit beliebigen rationalen Zahlen an.

Mit der Astronomie eng verbundene Probleme der Aufstellung von Kalendern führten die indischen Mathematiker zu den diophantischen Gleichungen, bei deren Lösung große Erfolge erzielt wurden. ĀRYABHAṬA I. löste Gleichungen des Typs $ax + b = cy$ in ganzen Zahlen, BRAHMAGUPTA und BHĀSKARA II. fanden Lösungen der Gleichungen $ax^2 + b = y^2$ und ihres wichtigen Spezialfalls $ax^2 + 1 = y^2$ in natürlichen Zahlen.

Bedeutend geringere Erfolge erzielten die indischen Gelehrten auf dem Gebiet der Geometrie. Gesonderte Werke zur Geometrie fehlen gänzlich. Geometrisches Material enthalten die astronomischen und mathematischen Traktate, dabei werden die geometrischen Sätze ohne Beweise angegeben. Alles beruht auf Zeichnungen, oft ungewöhnlich suggestiven, und wird lediglich mit dem Wort »sieh« kommentiert. Selten gibt es kurze Hinweise auf den Gang des Beweises einer Behauptung.

Im 5. Jh. nahmen die indischen Mathematiker $\pi = 3{,}1416$ an. Der Anhänger von MAHĀVĪRA, ŚRĪDHARA (9.–10. Jh.), gab in seinem Traktat die richtigen Formeln für die Volumenberechnung eines Prismas und eines kreisförmigen Kegelstumpfes an. BHĀSKARA II. fand die Formel für das Kugelvolumen. Bei der Lösung astronomischer Probleme verwendete man die trigonometrischen Beziehungen $\sin^2\alpha + \cos^2\alpha = 1$, $\sin\alpha = \cos(90°-\alpha)$, die Additionstheoreme u. a. m.

In den Beginn des 20. Jh. fällt das Wirken des genialen indischen Mathematikers Srinivasa Aaiynagar RAMANUJAN (1887 – 1920). Sein originelles Talent, die virtuose Handhabung der mathematischen Methoden trugen diesem Autodidakten die Hochachtung der Mathematiker der ganzen Welt ein. Das persönliche Schicksal RAMANUJANS spiegelt die tragische Geschichte des an Talenten reichen indischen Volkes wider, das sich jahrhundertelang im Joch des englischen Imperialismus befand und erst 1947 die politische Unabhängigkeit erhielt.

Die indische Mathematik hatte einen großen Einfluß auf die Entwicklung der Mathematik im Osten wie im Westen. Indische Gelehrte entwickelten die Algorithmen für das Rechnen im dekadischen Positionssystem. So wurde Indien zur Heimat zahlreicher Begriffe der Arithmetik, Algebra und Trigonometrie.

Aufgaben

APASTAMBA
(5.–4. Jh. v. u. Z.)

75. Man beweise die Gleichungen:

a) $$\frac{36}{\sqrt{3}} \cdot \frac{1}{2}\left(\frac{24}{\sqrt{3}} + \frac{30}{\sqrt{3}}\right) = 12\sqrt{3} \cdot \frac{1}{2}\left(8\sqrt{3} + 10\sqrt{3}\right) = 324\,;$$

b) $$\sqrt{2} \approx 1 + \frac{1}{3} + \frac{1}{3 \cdot 4} - \frac{1}{3 \cdot 4 \cdot 34}\,;$$

c) $$\sqrt{3} \approx 1 + \frac{2}{3} + \frac{1}{3 \cdot 5} - \frac{1}{3 \cdot 5 \cdot 52}\,.$$

Die Beispiele sind den »Śulvasūtras« in der Fassung von ĀPASTAMBA entnommen. Seine Näherung von $\sqrt{2}$ kommt derjenigen, welche die Babylonier um 1600 v. u. Z. fanden, sehr nahe. In Sexagesimalbrüchen ist sie gleich 1″24′51′10′35.

76. *(Aus dem Bakhsāli-Manuskript):* Von vier Spendern gab der zweite doppelt so viel wie der erste, der dritte dreimal so viel wie der zweite, der vierte viermal so viel wie der dritte; alle zusammen gaben 132. Wieviel gab der erste?

1881 fanden Wissenschaftler während Ausgrabungen in Nordwestindien, in der Nähe des Dorfes Bakhsāli, ein auf Birkenrinde geschriebenes Manuskript, das aus dem 7.—8. Jh. stammt.

Im »Bakhsāli-Manuskript« sind die Regeln für arithmetische Operationen mit ganzen Zahlen und Brüchen, Algorithmen zur Lösung linearer und quadratischer Gleichungen sowie von Systemen diophantischer Gleichungen erster Ordnung enthalten.

Āryabhaṭa
(476– um 550)

77. *Regel zur Berechnung von* π: Addiere 4 zu 100, multipliziere mit 8 und addiere zu alldem 62000. Das, was du erhältst, ist der genäherte Wert des Kreisumfangs, wenn der Durchmesser 20000 ist. Welche Genauigkeit der Zahl π gewährte die Anwendung dieser Regel?

78. Zwei Gestirne befinden sich in der Entfernung d voneinander und bewegen sich mit den Geschwindigkeiten v_1 und v_2 aufeinander zu. Nach welcher Zeit treffen sie sich?

Diese Aufgabe wurde in zahlreiche Sammlungen unterhaltsamer Aufgaben aufgenommen (s. Aufgabe 167).

Brahmagupta
(598– um 660)

79. *Satz des Brahmagupta:* Wenn das einem Kreis einbeschriebene Viereck die Seitenlängen a, b, c, d und den halben Umfang p besitzt, so ist seine Fläche

$$S = \sqrt{(p-a)(p-b)(p-c)(p-d)}\,.$$

Brahmagupta erwähnt nicht, daß seine Formel nur für die einem Kreis einbeschriebenen Vierecke gilt. Er betrachtet aber zwei Arten von Vierecken – gleichschenklige Trapeze und Vierecke, in denen sich die Diagonalen unter einem rechten Winkel schneiden. Für diese Vierecke gilt die Formel.

80. Das Produkt der Längen zweier Seiten eines Dreiecks, geteilt durch die Länge derjenigen Senkrechten auf der dritten

Seite, die durch die gegenüberliegende Ecke des Dreiecks verläuft, ist gleich der Länge des Durchmessers des umbeschriebenen Kreises.

Mahāvīra
(9. Jh.)

81. Während eines Hahnenkampfes wettete einer der Zuschauer mit zwei Eigentümern der Hähne. Dem ersten sagte er: »Wenn dein Hahn siegt, so gibst du mir den Gewinn, solltest du verlieren, so zahle ich dir $\frac{2}{3}$ deines möglichen Gewinns.« Dem anderen Teilnehmer sagte er: »Wenn dein Hahn siegt, so gibst du mir den Gewinn, solltest du verlieren, so zahle ich dir $\frac{3}{4}$ des möglichen Gewinns.« In beiden Fällen erhält der Zuschauer 12 Münzen. Wie groß müßte der Gewinn jedes Teilnehmers des Kampfes sein?

82. Granatäpfel werden zu 3 Stück für 2 Münzen, Mangofrüchte zu 5 Stück für 3 Münzen und Wildäpfel zu 7 Stück für 5 Münzen verkauft. Wie kann man mit 76 Münzen so viele Früchte kaufen, daß man 3mal so viele Mangofrüchte und 6mal so viele Granatäpfel wie Wildäpfel hat?

83. Bekannt ist, daß $\frac{1}{4}$ einer Kamelherde im Wald weidet, 15 am Flußufer und die übrigen – die doppelte Quadratwurzel aus der Gesamtmenge der Kamele – am Hang eines Hügels. Wie viele Kamele enthält die Herde?

84. Neunmal die Wurzel aus $\frac{2}{3}$ der Gesamtzahl der Elefanten, summiert mit sechsmal der Wurzel aus $\frac{3}{5}$ des Restes, befinden sich im Wald. Außerdem sind dort noch 24 Elefanten. Wie viele Elefanten sind es insgesamt?

Bhāskara II.

(1114–1185)

85. Wenn man eine gewisse Zahl mit 5 multipliziert, von dem Produkt dessen dritten Teil abzieht, durch 10 teilt und zum Ergebnis nacheinander $\frac{1}{3}$, $\frac{1}{2}$ und $\frac{1}{4}$ der zuerst genommenen Zahl addiert, so erhält man 68. Welche Zahl ist das?

86. In zwei Parteien gespalten,
vergnügten sich Affen im Hain.
Der achte Teil davon im Quadrat
sprang spielend umher.
Mit frohem Schrei begrüßten zwölf
das stille Licht des Tages.
Und jetzt sag, Jüngling,
wie viele Affen waren im Hain?

87. Man beweise die Gleichungen:

a) $\sqrt{5+\sqrt{24}}=\sqrt{2}+\sqrt{3}$;

b) $\dfrac{\sqrt{9}+\sqrt{54}+\sqrt{450}+\sqrt{75}}{5+\sqrt{3}}=3\sqrt{2}+\sqrt{3}$;

c) $\sqrt{10+\sqrt{24}+\sqrt{40}+\sqrt{60}}=\sqrt{2}+\sqrt{3}+\sqrt{5}$.

88. Mit elementaren Methoden löse man die Gleichung

$$x^4-2x^2-400x=9999.$$

89. Im Buch »Der Kranz des Wissens« führt Bhāskara II. einen »Beweis« des Pythagoreischen Lehrsatzes in Form einer Zeichnung an (Bild 32), mit der Unterschrift »sieh«. Wie kann

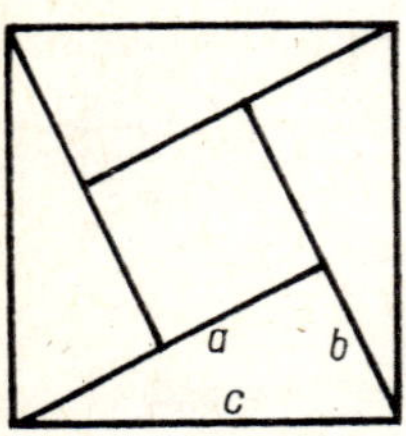

Bild 32

anhand der Zeichnung BHĀSKARAS II. der Beweis des Satzes des PYTHAGORAS erbracht werden?

Hinweis: Die Fläche des über der Hypotenuse c errichteten Quadrates ist gleich der Summe der Flächen der vier rechtwinkligen Dreiecke und des Quadrates mit der Seitenlänge $(a - b)$.

NĀRĀYANA
(14. Jh.)

90. Eine Kuh wirft jährlich eine Färse. Beginnend mit dem vierten Lebensjahr, wirft auch jede Färse zu Jahresbeginn je eine Färse. Wie viele Kühe und Kälber sind es nach 20 Jahren insgesamt?

RAMANUJAN, SRINIVASA AAIYANGAR
(22. 12. 1887–26. 4. 1920)

91. Man beweise die Gleichungen:

a) $\sqrt{1 + 2\sqrt{1 + 3\sqrt{1 + 4\sqrt{1 + \ldots}}}} = 3,$

b) $\sqrt[3]{\sqrt[3]{2} - 1} = \sqrt[3]{\frac{1}{9}} - \sqrt[3]{\frac{2}{9}} + \sqrt[3]{\frac{4}{9}}.$

Lösungen

76. ▾ Der erste gab 4.

77. • $\pi \approx [8 \cdot (100 + 4) + 62000] : 20000$
$= 62832 : 20000 \approx 3{,}1416.$

78. • Es sei x der vom ersten Gestirn bis zum Treffen zurückgelegte Weg. Das Treffen findet nach der Zeit $x : v_1$ statt. Gleichzeitig legt das andere Gestirn den Weg $(d - x)$ in der Zeit

6*

$(d - x) : v_2$ zurück. Aus der Gleichung $x : v_1 = (d - x) : v_2$ erhalten wir $x = dv_1 : (v_1 + v_2)$.

79. • $|\sphericalangle GEH| + |\sphericalangle GFH| = 180°$, $\cos |\sphericalangle GFH| = -\cos |\sphericalangle GEH|$ und $\sin |\sphericalangle GFH| = \sin |\sphericalangle GEH|$ (Bild 33). Nach dem Kosinussatz gilt $a^2 + b^2 - 2ab \cos |\sphericalangle GEH| = n^2 = c^2 + d^2 - 2cd \cos |\sphericalangle GFH|$, folglich

$$2(ab + cd) \cos |\sphericalangle GEH| = a^2 + b^2 - c^2 - d^2 . \quad (1)$$

$$S = \frac{1}{2} ab \sin |\sphericalangle GEH| + \frac{1}{2} cd \sin |\sphericalangle GFH|$$

$$= \frac{1}{2}(ab + cd) \sin |\sphericalangle GEH| ,$$

$$4S = 2(ab + cd) \sin |\sphericalangle GEH| . \quad (2)$$

Wenn wir die Gleichungen (1) und (2) quadrieren und gliedweise addieren, erhalten wir

$$4(ab + cd)^2 = (a^2 + b^2 - c^2 - d^2)^2 + 16S^2 ,$$

deshalb ist $16S^2 = (2ab + 2cd)^2 - (a^2 + b^2 - c^2 - d^2)^2$. Indem wir zweimal die Identität $a^2 - b^2 = (a - b)(a + b)$ anwenden, erhalten wir die gesuchte Formel. Wenn wir darin $d = 0$ setzen, erhalten wir die HERONische Formel

$$S_{\Delta ABC} = \sqrt{p(p - a)(p - b)(p - c)} ,$$

wobei $2p = a + b + c$. (s. Aufgabe 60)

80. • $\triangle BCE \sim \triangle ABD$ (Bild 34), deshalb gilt $c : h = |BE| : a$, woraus $|BE| = ac : h$ folgt.

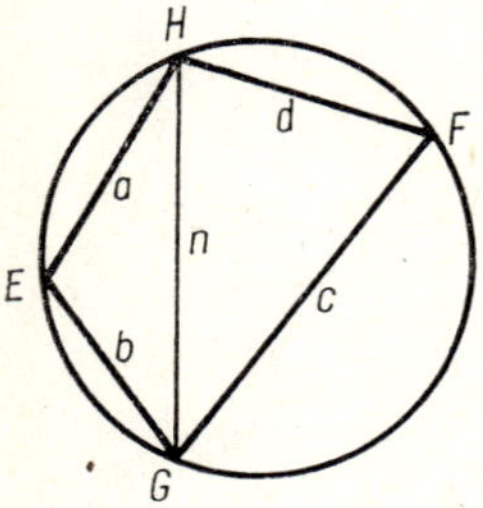

Bild 33

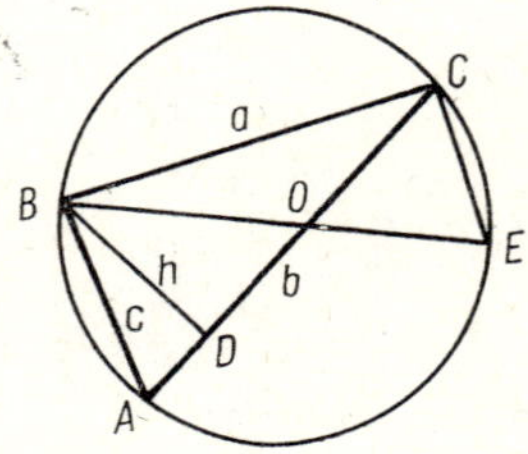

Bild 34

81. • Bezeichnen wir mit x und y die Gewinne jedes Partners, so erhalten wir das System:

$$\begin{cases} x - \frac{3}{4} y = 12, \\ y - \frac{2}{3} x = 12, \end{cases}$$

woraus folgt: $x = 42$, $y = 40$.

82. • Wir bezeichnen mit x, y und z entsprechend die Menge der Granatäpfel, Mangofrüchte und Wildäpfel, die der Aufgabenstellung genügen. Wir erhalten das Gleichungssystem:

$$\begin{cases} \frac{2}{3} x + \frac{3}{5} y + \frac{5}{7} z = 76, \\ y = 3z, \\ x = 6z. \end{cases}$$

Es wurden 70 Granatäpfel, 35 Mangofrüchte und $11\frac{2}{3}$ Wildäpfel gekauft.

83. • Bezeichnen wir mit x die Anzahl der Kamele in der Herde, so erhalten wir die Gleichung: $\frac{1}{4} x + 2\sqrt{x} + 15 = x$.

84. • Es seien insgesamt x Elefanten. Die Aufgabe führt auf die Lösung der irrationalen Gleichung:

$$9\sqrt{\frac{2}{3} x} + 6\sqrt{\frac{3}{5}\left(x - 9\sqrt{\frac{2}{3} x}\right)} + 24 = x.$$

Ihre Auflösung führt MAHĀVĪRA auf die schrittweise Auflösung zweier quadratischer Gleichungen zurück. Wir setzen $y = x - 9\sqrt{\frac{2}{3} x}$ und erhalten die quadratische Gleichung $y - 6 \times \sqrt{\frac{3}{5} y} = 24$. Wir finden $y_1 = 60$, $y_2 = \frac{48}{5}$. Wir setzen den ersten Wert ein: $x - 9\sqrt{\frac{2}{3} x} = 60$, $x_1 = 150$, $x_2 = 24$. Die quadratische Gleichung $x - 9\sqrt{\frac{2}{3} x} = \frac{48}{5}$ besitzt keine ganzzahligen Lösungen Der Aufgabenstellung genügt nur $x = 150$.

85. ▲ 48.

86. Es seien im Wäldchen x Affen gewesen, dann gilt

$$\left(\frac{x}{8}\right)^2 + 12 = x,$$

woraus $x_1 = 48$, $x_2 = 16$ folgt.
Beide Lösungen genügen der Aufgabenstellung.

88. ● Wir addieren zu beiden Seiten der Gleichung $4x^2 + 400x + 1$ und erhalten $x^4 + 2x^2 + 1 = 4x^2 + 400x + 10000$, das Ziehen der Quadratwurzel aus beiden Seiten ergibt $x^2 + 1 = 2x + 100$, $x = 11$.

89. ▼ $c^2 = 4\frac{ab}{2} + (a - b)^2$, weswegen $c^2 = a^2 + b^2$.

90. ● Im ersten Jahr waren es eine Kuh und eine Färse, die zu Jahresbeginn geboren wurde, d. h. zwei Tiere. Zu Beginn des zweiten Jahres wurden es 3, zu Beginn des dritten 4, und zu Beginn des vierten Jahres vermehrte sich der Viehbestand um 2 Tiere, da die Kuh und die im ersten Jahr geborene Färse je eine Färse warfen, d. h., insgesamt waren es nun $4 + 2 = 6$ Tiere. Zu Beginn des fünften Jahres vermehrte sich der Viehbestand um 3 Tiere, und insgesamt wurden es $6 + 3 = 9$. Beginnend mit dem vierten Jahr, wird der Viehbestand durch ein und dieselbe Rekursionsformel bestimmt: $x_4 = x_3 + x_1$, $x_5 = x_4 + x_2, \ldots, x_n = x_{n-1} + x_{n-3}$, da man, um die Zahl der Kühe und Färsen für ein beliebiges Jahr zu bestimmen, laut Aufgabenstellung zu der Anzahl der Tiere des vorangegangenen Jahres die Zahl der Färsen addieren muß, welche zu Beginn dieses Jahres geboren wurden; dies sind genau soviel, wieviel Tiere es vor drei Jahren waren.
Zu Beginn des zwanzigsten Jahres sind es 2745 Tiere.
Die Lösung der Aufgabe führte auf die Erstellung einer rekursiven Folge ähnlich der berühmten Folge der Fibonaccischen Zahlen (s. Aufgabe 116)

China

In der Jahrhunderte währenden Geschichte ihrer Kultur gelangen den chinesischen Gelehrten viele bedeutende Entdeckungen auf verschiedenen Gebieten von Wissenschaft und Technik. Sie erfanden den Kompaß, den Seismographen, das Tachometer, den Buchdruck, die Technologie der Papierherstellung, das Porzellan und das Schießpulver. Bereits im 7. Jh. v. u. Z. konnten die chinesischen Astronomen Sonnen- und Mondfinsternisse vorhersagen, sie bestimmten die Perioden dieser Vorgänge, und im 4. Jh. v. u. Z. wurde der erste Sternkatalog der Welt erstellt.

Das mathematische Wissen der Chinesen entstand vor sehr langer Zeit; die ersten erhalten gebliebenen mathematischen Texte datieren aber aus der Zeit nach 200 v. u. Z. Die älteren wurden offenbar im Jahre 213 v. u. Z. vernichtet, als ein tyrannischer Herrscher befahl, alle Bücher zu verbrennen.

Im alten China besaß der Mathematikunterricht eine große Bedeutung. Jeder, der eine Beamtenstelle im Staatsdienst einnehmen wollte, hatte spezielle Examina abzulegen, darunter auch eine Mathematikprüfung.

Die chinesischen Sinnzeichen, die im 2. Jahrtausend v. u. Z. entstanden, werden in China bis heute verwendet. In ältesten Zeiten führte man die arithmetischen Operationen mit Hilfe von Rechenstäbchen aus Bambus, Elfenbein oder Metall aus. Brüche tauchten fast gleichzeitig mit den natürlichen Zahlen auf. Die Grundrechenarten wurden fast so ausgeführt, wie wir dies heute tun; Multiplikation und Division von Brüchen erklärte man anhand konkreter Aufgaben zur Berechnung von Grundstücksflächen oder anhand von Teilungsproblemen, z. B. von Münzen zwischen mehreren gleichberechtigten Personen. Um neue mathematische Objekte und Operationen mit ihnen betrachten zu können, ließen die chinesischen Mathematiker auch eine gebrochene Zahl von Personen zu.

Negative Zahlen nannte man »fa« (Schulden), positive »shi« (Vermögen). Zunächst erschienen und verschwanden die »fa« im

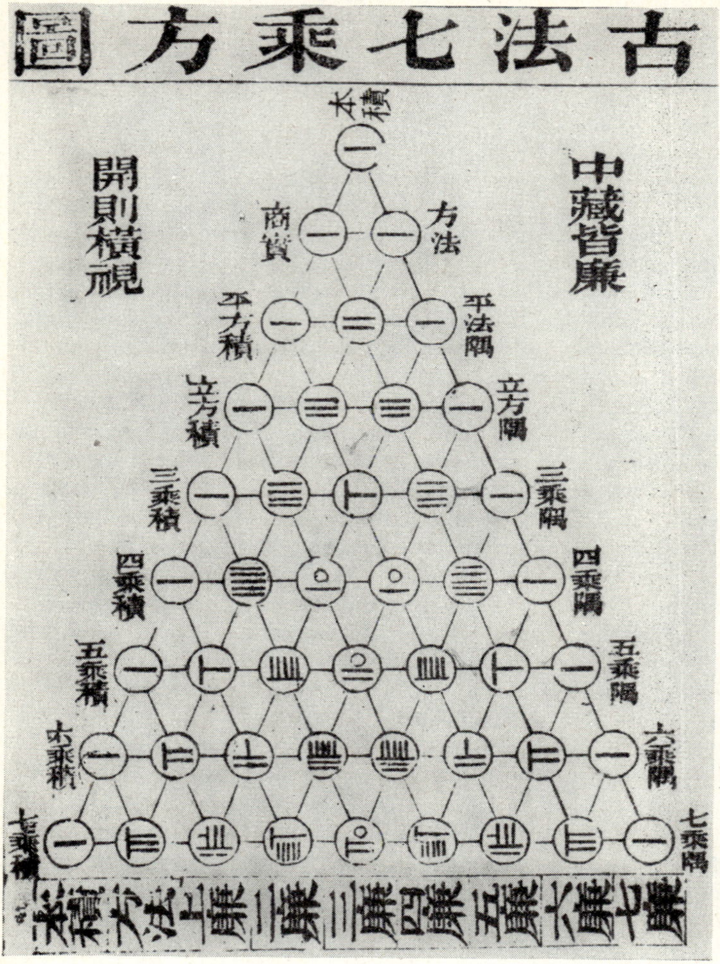

Binomisches Dreieck aus dem »Ssu Yuan Yü Chien«, Heft 4.

Rechenprozeß als Differenz zweier Zahlen »shi«, und erst später traten sie als gesonderte Objekte auf. Das war der entscheidende Schritt auf dem Weg zur Einführung negativer Zahlen.

Nach der Einführung negativer Zahlen fertigte man Rechenstäbchen zweierlei Farbe – rote zur Kennzeichnung positiver Zahlen, schwarze für negative. Auf der Grundlage des Rechenbrettes entstand später das Rechenhilfsmittel »Suanpan«, das dem russischen Rechenbrett »Schtjoty« ähnlich ist. Die Japaner nennen es »Soroban«.

Die älteste mathematische Abhandlung »Mathematik in neun Büchern« bearbeitete der Finanzbeamte TSCHANG TSANG (gest. 150 v. u. Z.). Das Buch war für Feldvermesser, Ingenieure, Beamte und Kaufleute vorgesehen. Dieses Sammelwerk enthält 246 Aufgaben. Die Darstellungsweise ist dogmatisch. Zuerst wird die Aufgabenstellung formuliert, dann werden die Antwort und ein kurzgefaßter Hinweis auf den Lösungsweg gegeben.

Einige Aufgaben sind der Arithmetik von Brüchen, der Berechnung von Flächen ebener Figuren und von Volumina, Systemen zweier linearer Gleichungen mit zwei Unbekannten sowie Systemen von n Gleichungen mit n Unbekannten gewidmet. Letztere werden mit der Methode des »fang-cheng« (wörtlich – Ausrichtung der Zahlen in Kästchen) gelöst. Manche Aufgaben löste man mit Hilfe des Pythagoreischen Lehrsatzes.

Die »Mathematik in neun Büchern« fand Eingang in eine Sammlung von zehn Abhandlungen, ein Lehrbuch zur Vorbereitung der Beamten auf die Qualifikationsprüfungen. In die Sammlung wurden auch die »Mathematische Abhandlung« von SUN-ZI, die »Abhandlung über eine Meeresinsel« des hervorragenden Mathematikers LIU HUI (3. Jh.) und die »Mathematische Abhandlung« von ZHANG QIU-JIAN (5. Jh.) aufgenommen.

Die Abhandlung von SUN-ZI enthielt mathematische Tabellen, arithmetische Aufgaben zur Aufstellung linearer Gleichungssysteme und geometrische Aufgaben zur Ermittlung der Proportionen zwischen verschiedenen Maßeinheiten. Im Werk von LIU HUI wurden Aufgaben zur Bestimmung von Entfernung und Größe nicht zugänglicher Gegenstände betrachtet. ZHANG QIU-JIAN, der die Ideen seiner Vorgänger weiterentwickelte, richtete seine besondere Aufmerksamkeit auf neue mathematische Probleme – die Untersuchung von Zahlenfolgen und Gleichungen höherer Ordnung sowie zahlentheoretische Aufgaben.

Die bedeutendste Leistung der chinesischen Mathematiker ist die Methode »fang-cheng«, die es ermöglicht, Systeme von n

linearen Gleichungen mit n Unbekannten zu lösen. Sie ist in der »Mathematik in neun Büchern« (Buch VIII) enthalten und hat Ähnlichkeit mit der Methode der Determinanten, die in Europa zuerst von dem deutschen Mathematiker G. W. LEIBNIZ (1646—1716) der Idee nach angegeben wurde und die der Schweizer Mathematiker Gabriel CRAMER (1704—1752) weiterentwickelt hat.

Etwa im 5. Jh. wurde in China der Algorithmus zur Näherungslösung von kubischen Gleichungen $x^3 + ax^2 = b$ und im 7. Jh. von allgemeinen kubischen Gleichungen ausgearbeitet.

Die Algebraiker des 13. und 14. Jh. verallgemeinerten die Methode der numerischen Auflösung von kubischen Gleichungen auf Gleichungen höheren Grades.

Aus den Kommentaren zu einem der ältesten astronomischen Werke, »Abhandlungen über den Meßstab«, ist bekannt, daß der Satz des PYTHAGORAS für ein rechtwinkliges Dreieck mit den Seitenlängen 3, 4 und 5 im 12. Jh. v. u. Z. bekannt war; für den Allgemeinfall kannte man den Beweis im 6. Jh. v. u. Z. Die Mathematiker und Astronomen des 1.—3. Jh. waren besonders bemüht, einen möglichst genauen Wert für das Verhältnis von Kreisumfang und Durchmesser zu ermitteln. Der Astronom und Philosoph ZHANG HENG (78—129) fand die Näherung $\pi \approx \sqrt{10} = 3{,}162\ldots$, WANG FAN (gest. 267) erhielt $\pi \approx \frac{142}{45} = 3{,}155,\ldots$, LIU HUI $\pi \approx 3{,}14159$. Der Astronom, Mathematiker und Ingenieur TSU CHUNG-CHIH (430—501) bewies, daß $3{,}1415926 < \pi < 3{,}1415927$, er fand auch die Näherung $\pi \approx \frac{355}{113}$.

Die genannten Beispiele zeigen, daß sich die chinesische Mathematik als Sammlung von Rechenalgorithmen und von verschiedenen Lösungsmethoden für praktische Aufgaben entwickelte. Dabei verwendete man in breitem Umfang algebraische Umformungen und eindeutige Abbildungen von Flächen. Es wurden eine ganze Reihe wichtiger mathematischer Beziehungen entdeckt, obwohl die chinesische Mathematik, wie auch die indische, praktischen Charakter besaß und der deduktiven Mathematik des antiken Griechenlands wenig ähnelte.

Ebenso wie das mathematische Wissen anderer Völker entwickelte sich die chinesische Mathematik nicht isoliert, sondern im wechselseitigen Austausch der Kulturen, wobei sie auch durch die Errungenschaften anderer Völker, vor allem Indiens und der Länder des Islams, bereichert wurde.

Aufgaben

Aus der »Abhandlung über den Meßstab«

92. In einem Kommentar zu der Abhandlung ist erwähnt, daß der Beweis des Satzes des Pythagoras auf einer Zeichnung beruht, in der das Quadrat, das über der Summe der Katheten a und b eines rechtwinkligen Dreiecks errichtet ist, als Summe der Flächen anderer Figuren dargestellt wird (Bild 35). Man rekonstruiere diesen Beweis.

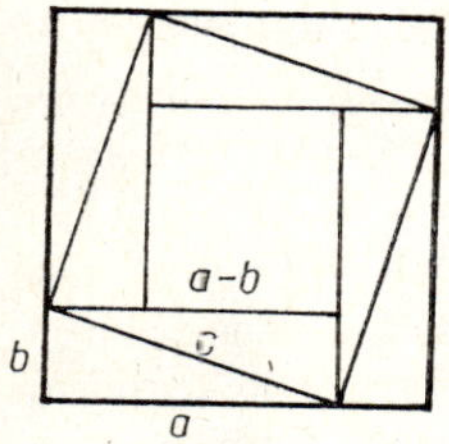

Bild 35

Aus der Abhandlung »Mathematik in neun Büchern«

93. Ein Gast legt an einem Tag 300 li zurück (1 li gleich 0,576 km). Der Gast vergaß seine Kleidung mitzunehmen, als er den Hausherrn verließ. Als der Hausherr nach $\frac{1}{3}$ Tag die vom Gast zurückgelassenen Kleidungsstücke bemerkte, eilte er, ihn einzuholen. Nachdem er dem Gast die Kleidung gegeben hatte, wendete der Hausherr sofort sein Pferd und ritt zurück. Nach $\frac{3}{4}$ Tagen war er zu Hause. Zu welcher Stunde kam er zu Hause an? Welche Strecke hatte er auf dem Pferd an einem Tag zurückgelegt?

94. Mehrere Leute kaufen zusammen einen Hammel. Wenn jeder 5 Münzen beisteuert, so fehlen 45 am Preis des Hammels. Wenn jeder 7 Münzen gibt, so fehlen 3. Wie viele Leute sind es, und welchen Preis hat der Hammel?

Die Lösung dieser wie auch der vorigen Aufgabe ist in der Praxis nicht realistisch. Solche Aufgaben stellten mathematische Modelle bestimmter Klassen von Situationen dar. Die Autoren dieser Aufgaben achteten nicht sehr auf die Realität der Zahlenwerte, sondern strebten danach, logische Denkschemata und Algorithmen zur Lösung von Aufgaben zu geben. Die Frage nach dem realen Sinn der Zahlenwerte fällt dagegen schon in das Gebiet der praktischen Anwendung der Mathematik.

95. Ein Wasserbecken besitzt fünf Zuführungsleitungen. Wenn man die erste öffnet, füllt sich das Becken in $\frac{1}{3}$ Tag, öffnet man die zweite, füllt es sich an einem Tag, bei Öffnung der dritten in $2\frac{1}{2}$ Tagen, der vierten in 3 Tagen, der fünften in 5 Tagen. In wieviel Tagen füllt sich das Wasserbecken, wenn man alle Kanäle öffnet?

96. Ein Traber und eine alte Mähre laufen von Chanan zum Fürstentum Tsi, die Entfernung beträgt 3000 Längeneinheiten. Am ersten Tag legte der Traber 193 Einheiten zurück und an jedem folgenden Tag um 13 mehr. Die Schindmähre legte am ersten Tag 97 Einheiten zurück und an jedem folgenden Tag um $\frac{1}{2}$ weniger. Der Traber erreichte als erster das Fürstentum Tsi, wendete und traf an einem bestimmten Ort die Mähre. Nach wieviel Tagen trafen sie sich, und wieviel hatte jeder bis zu diesem Treffen zurückgelegt?

97. 3 Garben einer guten Ernte, 2 Garben einer mittleren Ernte und 1 Garbe einer schlechten Ernte lieferten 39 Scheffel Korn. Aus 2 Garben einer guten Ernte, 3 Garben einer mittleren Ernte und 1 Garbe einer schlechten Ernte wurden 34 Scheffel Korn gewonnen. 1 Garbe einer guten Ernte, 2 Garben einer mittleren Ernte und 3 Garben einer schlechten Ernte lieferten 26 Scheffel Korn. Wieviel Korn wurde aus jeder Garbe der guten, der mittleren und der schlechten Ernte gewonnen?

98. Fünf Familien besitzen gemeinsam einen Brunnen. Um die Wasseroberfläche zu erreichen, muß man 2 Seile der Familie A und 1 Seil der Familie B benutzen; 3 Seile der Familie B und 1 Seil der Familie C; 4 Seile der Familie C und 1 Seil der Familie D; 5 Seile der Familie D und 1 Seil der Familie E; 6 Seile der

Familie E und 1 Seil der Familie A. Wie tief ist der Brunnen, und wie lang ist das Seilstück jeder Familie unter der Voraussetzung ganzzahliger Seillängen?

Sun-Zi
(3. Jh.)

99. Zwei Leute A und B erhielten eine gewisse Menge Münzen, die zwischen ihnen so zu teilen ist, daß, wenn man zu den Münzen von A die Hälfte der Münzen von B oder zu den Münzen von B $\frac{2}{3}$ der Münzen von A hinzufügt, man in beiden Fällen 48 erhält. Wie viele Münzen erhielt jeder?

100. Es ist eine Zahl gesucht, die bei der Teilung durch 3 den Rest 2, bei der Teilung durch 5 den Rest 3 und bei der Teilung durch 7 den Rest 2 ergibt.

Zhang Qiu-Jian
(5. Jh.)

101. Ein Hahn kostet 5 Münzen, eine Henne 3 Münzen, 3 Küken 1 Münze. Insgesamt wurden für 100 Münzen 100 Tiere gekauft. Wieviel Hähne, Hennen und Küken wurden im einzelnen gekauft?

Lösungen

92. • $(a + b)^2 = 4ab + (a - b)^2 = 2ab + c^2$.
Deshalb gilt $a^2 + 2ab + b^2 = 2ab + c^2$, woraus folgt: $a^2 + b^2 = c^2$.

93. ▾ 780 li

94. ▾ 21 Personen, der Hammel kostet 150 Münzen.

95. ▾ In $\frac{15}{74}$ Tagen

96. ▼ Der Traber und die Schindmähre treffen sich nach $15\frac{135}{191}$ Tagen; der Traber läuft bis zum Treffen $4534\frac{46}{191}$ Einheiten, die Mähre $1465\frac{145}{191}$ Einheiten.

97. ▼ Eine Garbe der guten Ernte lieferte $9\frac{1}{4}$ Scheffel, der mittleren $4\frac{1}{4}$ Scheffel und der schlechten $2\frac{3}{4}$ Scheffel Korn.

98. ● Wir bezeichnen die Tiefe des Brunnens mit a und die Seillängen der Familien A, B, C, D, E entsprechend mit x, y, z, u, v. Die Lösung der Aufgabe führt auf die Auflösung eines Systems von fünf Gleichungen mit fünf Unbekannten:

$$\begin{cases} 2x + y = a\,, \\ 3y + z = a\,, \\ 4z + u = a\,, \\ 5u + v = a\,, \\ 6v + x = a\,. \end{cases}$$

Daraus folgt $x = \frac{265}{721}a$, $y = \frac{191}{721}a$, $z = \frac{148}{721}a$, $u = \frac{129}{721}a$, $v = \frac{76}{721}a$; also muß a gleich 721 sein, dann ist $x = 265$, $y = 191$, $z = 148$, $u = 129$, $v = 76$.

99. ● Wenn die Anzahl der Münzen von A mit x und die Anzahl der Münzen von B mit y bezeichnet wird, so führt die Aufgabe auf die Lösung des Gleichungssystems:

$$\begin{cases} x + \frac{1}{2}y = 48\,, \\ \frac{2}{3}x + y = 48\,. \end{cases}$$

Hieraus folgt $x = 36$, $y = 24$.

100. ● Die Aufgabe führt auf die Auflösung des Gleichungssystems:

$$\begin{cases} x = 3y + 2\,, \\ x = 5z + 3\,, \\ x = 7u + 2\,. \end{cases}$$

Daraus folgt $y = \frac{7}{3}u$. Es sei $u = 3t$ $(t \in Z)$. Dann gilt $y = 7t$, $x = 21t + 2$, $21t + 2 = 5z + 3$, oder $21t - 5z = 1$. Durch Probieren finden wir ein Lösungspaar der letzteren diophantischen Gleichung: $t = 1$, $z = 4$. Die allgemeinen Lösungsformeln dieser Gleichung sind: $t = 1 + 5q$, $z = 4 + 21q$ ($q = 0, 1, 2, \ldots$). Wegen $x = 21t + 2$ gilt $x = 23 + 105q$. Bei $q = 0$ ist $x = 23$, bei $q = 1$ ist $x = 128$, bei $q = 2$ ist $x = 233$ usw.

101. • Wir bezeichnen die Zahl der Hähne, Hennen und Küken entsprechend mit x, y und z. Die Aufgabe führt auf die Auflösung des diophantischen Gleichungssystems

$$\begin{cases} 5x + 3y + \frac{1}{3}z = 100, \\ x + y + z = 100, \end{cases}$$

welches der Gleichung $7x + 4y = 100$ äquivalent ist. Dann gilt $y = 25 - \frac{7}{4}x$ und $z = 75 + \frac{3}{4}x$. Die Werte von y und z sind positiv und ganzzahlig, wenn $x = 4k$, $y = 25 - 7k$, $z = 75 + 3k$.

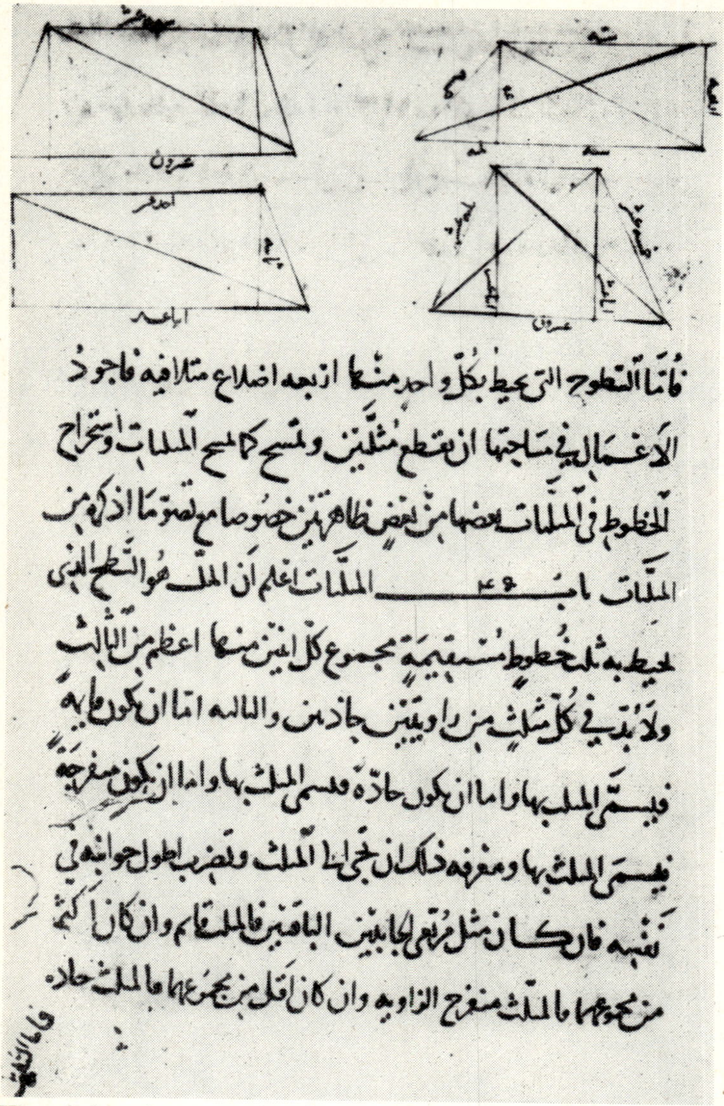

فأما السطوح التي يحيط بكل واحد منها اربعة اضلاع متلاقيه فاجود
الاعمال في مساحتها ان تقطع مثلثين وتمسح كما تمسح المثلثات واستخراج
الخطوط في المثلثات بعضها من بعض ظاهر بين خصوصا مع ما نذكره من
المثلثات اب ج د المثلثات اعلم ان المثلث هو السطح الذي
يحيط به ثلث خطوط مستقيمة مجموع كل اثنين منها اعظم من الثالث
ولا بد في كل مثلث من زاويتين حادتين والثالثة اما ان تكون قايمة
فيسمى المثلث بها واما ان تكون حادة فيسمى المثلث بها واما ان تكون منفرجة
فيسمى المثلث بها ومعرفة ذلك ان تجعل المثلث وتضرب اطول جوانبه في
نفسه فان كان مثل مربعي الجانبين الباقيين فالمثلث قايم وان كان اكثر
من مجموعهما فالمثلث منفرج الزاويه وان كان اقل من مجموعهما فالمثلث حاده

Vierecksberechnungen in dem grundlegenden mathematischen Werk »al-Kâfi fîl hisâb« (etwa: Das Genügende über die Wissenschaft vom Rechnen) des Abū Bakr Muhammad Ibn al-Husain al-Karağī.

Die Länder des Islam

Im 7. Jh. entstand auf der Arabischen Halbinsel eine neue Religion, der Islam (wörtlich bedeutet das Unterwürfigkeit). Begründet wurde sie von MUḤAMMAD. Die Anhänger dieser Religion werden Moslems genannt. Die Nachfolger MUḤAMMADS (die Kalifen) eroberten im Laufe des 7.—9. Jh. große Gebiete, in denen ein Großreich – das arabische Kalifat – gegründet wurde. Zu ihm gehörten ganz Nordafrika, die Pyrenäenhalbinsel, der Süden Italiens, Mittelasien, ein Teil Transkaukasiens und Indien. In diesem Territorium wurde Arabisch zur Staatssprache erklärt. Deshalb wird die Wissenschaft, darunter auch die Mathematik dieser Zeit, häufig als arabisch bezeichnet, was natürlich unrichtig ist. Sie wurde in Wirklichkeit von Vertretern verschiedener Völker geschaffen, die gezwungen waren, in den Hauptstädten einzelner Staaten des Kalifats tätig zu sein (z. B. in Damaskus oder Bagdad) und arabisch zu schreiben. Auf den Territorien des Kalifats fanden zu verschiedenen Zeiten grausame Kriege statt, in deren Folge einzelne Völker zu Opfern des Angriffs durch die Eroberer wurden. So bemächtigten sich die türkischen Seldschuken Mittelasiens, des Irans, Syriens und Mesopotamiens. Im 13. Jh. erschlugen die Mongolen den letzten Kalifen und vernichteten das arabische Kalifat.

Die Gelehrten mußten unter den außerordentlich schweren Bedingungen der unaufhörlichen Kriege und Verfolgungen arbeiten. Etliche von ihnen lebten als Gefangene oder mußten in der Fremde umherirren.

Im 8.—10. Jh. wurden die indischen Siddhāntās (»Lehrwerke«), die Werke des EUKLID, des ARCHIMEDES, des APOLLONIUS, des MENELAUS, des PTOLEMÄUS, des DIOPHANT und anderer Gelehrter ins Arabische übersetzt. Während die Gelehrten der islamischen Länder das wissenschaftliche Erbe der Vergangenheit aufnahmen, schufen sie auch eine eigene originelle mathematische Kultur. Sie richteten ihre Anstrengungen vor allem auf die Lösung praktischer Aufgaben, durch deren Behandlung sich neue fruchtbare mathematische Ideen herausbildeten. Sie führten wichtige theoretische Untersuchungen auf den Gebieten der Arithmetik, Zahlentheorie, Algebra, Geometrie und der Trigonometrie durch.

Ein großes Verdienst der Gelehrten der Länder des Islam war die Popularisierung und Verbreitung des dekadischen Positionssystems. Es wurde von dem bedeutenden Mathematiker, Astronomen und Geographen Abū 'Abdallah Muḥammad ibn Mūsā al-Maǧūsī AL-HWĀRIZMĪ al-Choresmi (787 bis um 850), dargestellt. Dieser Gelehrte wurde in Choresm geboren, lebte und arbeitete am Hof des Kalifen in Bagdad, wo er wahrscheinlich eine Art Akademie, das »Haus der Weisheit«, leitete.

Von der latinisierten Form des Namens AL-HWĀRIZMĪ leitet sich der moderne Begriff des »Algorithmus« ab. Der Titel seines Werkes »Kitāb al-ǧabr wa-l-muquābala« gab einem großen Gebiet der modernen Mathematik – der Algebra – seinen Namen. Die Operation des al-ǧabr bedeutet die Überführung von Gliedern einer Seite einer Gleichung auf die andere, so daß auf beiden Seiten nur positive Glieder stehen; wa-l-muquābala bedeutet die Zusammenfassung ähnlicher Glieder. Zum Beispiel führt die Anwendung des al-ǧabr auf die Gleichung $3x^2 - 7x + 2 = 8x - 7$ zu der Gleichung $3x^2 + 2 + 7 = 8x + 7x$ und die des wa-l-muquābala schließlich zu der Gleichung $3x^2 + 9 = 15x$. Quadratische Gleichungen löste AL-HWĀRIZMĪ durch geometrische Konstruktionen auf, indem er x als Strecke und x^2 als Quadrat mit der Seitenlänge $|x|$ betrachtete. Im 10. Jh. löste man quadratische Gleichungen dann ohne geometrische Konstruktionen.

Der Bagdader Mathematiker und Astronom Muḥammad ibn Muḥammad al-Buzǧānī ABŪ-L-WAFĀ'(10. 6. 940—1. 8. 998) wurde durch seine Werke über Geometrie, Trigonometrie und praktische Astronomie bekannt sowie durch sein originelles »Buch über das, dessen ein Handwerker aus den geometrischen Konstruktionen bedarf«. Die arithmetische Abhandlung ABŪ-L-WAFĀ's war in den Ländern des Islam das einzige Buch, in dem zu dieser Zeit negative Zahlen verwendet wurden.

Der vielseitige Mathematiker, Geograph, Astronom, Historiker, Ethnograph und Dichter Abū-r-Raiḥān Muḥammad ibn Aḥmad AL-BĪRŪNĪ (973—1048) wurde in Kath (heute die Stadt Biruni in der Karakalpakischen ASSR) geboren. Seine Werke behandeln fast alle Gebiete der zeitgenössischen Mathematik. Aus der Lösung konkreter Aufgaben gewann BĪRŪNĪ fruchtbare

Anregungen für neue mathematische Ideen. Als er z. B. das Verhältnis von Kreisumfang und Durchmesser untersuchte, kam ihm die Idee der Einführung positiver irrationaler Zahlen.

Der bekannte Naturforscher, Arzt und Dichter Abū-l-Husain ibn'Abdallah IBN SĪNĀ (Avicenna) (um 980—18. 4. 1037) schenkte der Mathematik ebenfalls große Beachtung.

Der iranische Mathematiker AL-KARAǦI oder al-Karchī (gest. 1016) verfaßte zwei umfangreiche mathematische Abhandlungen über Arithmetik und Algebra. In diesen Werken stellte er nicht nur die Ergebnisse einiger seiner Vorgänger zusammen, sondern machte auch eigene interessante Zusätze.

Viele wichtige Entdeckungen auf verschiedenen Gebieten der Mathematik machte der bedeutende persische Mathematiker, Astronom, Philosoph und Dichter Abū-l-Fath'Umar ibn Ibrāhīm AL-ḪAYYĀM (1048 bis um 1131). Er lieferte eine vollständige Klassifikation kubischer Gleichungen und löste geometrisch 14 Typen davon auf. Die reellen Lösungen solcher Gleichungen suchte er als Schnittpunkte von Kurven zweiter Ordnung. AL-ḪAYYĀM ist ein interessanter Versuch zuzuschreiben, das berühmte Parallelenpostulat des EUKLID zu beweisen.

Am Hofe des mongolischen HŪLĀGŪ-HĀN lebte und wirkte der bekannte Mathematiker und Astronom Abū Ǧa'far Muhammad ibn Muḥammad NAṢĪR AD-DĪN AṬ-ṬŪSĪ (1201—1274). In Marāġa gründete er eine der für die damalige Zeit besten Sternwarten, in die Gelehrte aus verschiedenen Städten zur Arbeit eingeladen wurden. Sie führten eine Reihe wichtiger mathematischer und astronomischer Untersuchungen durch.

In der Samarkander Sternwarte des Mirza Muhammad ibn Šāhruh ibn Timur ULUG BEG (1394—1449) war der bekannte Mathematiker und Astronom Ǧamšid Ġiyāṯ ad-Dīn AL-KĀŠĪ (gest. um 1430) tätig. AL-KĀŠĪ veröffentlichte 1427 die Abhandlung »Schlüssel der Arithmetik«, ein interessantes Lehrwerk der Elementarmathematik, in dem er die Theorie der Dezimalbrüche und das Rechnen mit ihnen entwickelte. In Westeuropa führte Simon STEVIN (1548—1620) die Dezimalbrüche erst 135 Jahre später ein. In der »Abhandlung über den Kreis« erhielt AL-KĀŠĪ mit Hilfe einer Umfangsberechnung von regulären, einem Kreis einbeschriebenen Vielecken bis zu einem $3 \cdot 2^{28}$-Eck, 17 richtige Dezimalstellen der Zahl $2\pi = 6{,}283\,185\,307\,179\,586\,5$. Dieses Ergebnis erzielte 1597 von neuem A. van ROOMEN mit Hilfe einbeschriebener Vielecke (bis zu einem 2^{30}-Eck).

Große Aufmerksamkeit widmeten die Gelehrten der Länder des Islam der numerischen Mathematik, astronomischen und trigonometrischen Berechnungen. Sie entdeckten eine Reihe wichtiger Beziehungen aus der ebenen und der sphärischen Trigonometrie. Fast alle der islamischen Gelehrten waren bemüht, die »Elemente« des Euklid zu verbessern. Es ging vor allem um die Aufdeckung des Geheimnisses der Theorie der Parallelen. 'Umar Al-Ḫayyām, Aṭ-Ṭūsī und viele andere Mathematiker der Länder des Islam versuchten, das Parallelen-Postulat des Euklid zu beweisen. Dabei machten sie eine Reihe bedeutender Entdeckungen, die die Begründung der nichteuklidischen Geometrie vorbereiteten.

Die Gelehrten der Länder des Islam lebten und arbeiteten z. T. unter den Bedingungen einer grausamen religiösen Unterjochung, eines wahren Terrors von seiten der moslemischen Geistlichkeit. 'Umar Al-Ḫayyām war ein mutiger Kämpfer gegen den moslemischen Klerus. In seinen unsterblichen Vierzeilern Rubaiyāt brandmarkte er die Heuchelei und Heimtücke des moslemischen Klerus und wies auf den Schaden hin, den religiöse Unduldsamkeit der Gesellschaft zufügt. Al-Bīrūnī und Ibn Sīnā kämpften ihr Leben lang gegen religiösen Fanatismus und verschiedenen Aberglauben. Tragisch endete das Leben des bedeutenden usbekischen Astronomen, Mathematikers und fortschrittlichen Herrschers von Samarkand, Ulug Bēg. Die reaktionäre Geistlichkeit, die in der aufklärerischen Tätigkeit Ulug Bēgs eine Untergrabung der religiösen Grundpfeiler des Islam sah, organisierte einen heimtückischen Mord an dem Gelehrten. Die Liste der Verbrechen der moslemischen Reaktion gegen progressive Gelehrte ist sehr lang. Um so größer ist die Leistung derer einzuschätzen, die um den Preis unglaublicher Anstrengungen, unter ständiger Gefahr eine wichtige historische Mission erfüllten – die Schatzkammer des mathematischen Wissens mit neuen Entdeckungen zu bereichern und den kommenden Generationen die Errungenschaften der antiken Gelehrten zu überliefern.

Zu Beginn des 11. Jh. begannen Gelehrte aus vielen Ländern Westeuropas in das von den Mauren befreite Spanien zu reisen, um sich mit Mathematik und Naturwissenschaften vertraut zu machen. Dort wurden die Werke der Gelehrten der Länder des Islam aus dem Arabischen in die lateinische Sprache übersetzt. Die heutigen Begriffe Ziffer, arabische Ziffer, Algebra, Algorithmus, Wurzel, Sinus sowie zahlreiche astronomische Begriffe und viele Sternnamen haben ihren Ursprung ebenfalls mi Nahen Osten. Die Wissenschaft Westeuropas konnte in raschem Tempo auf dem festen Fundament der Errungenschaften ihrer Vorgänger, darunter der Mathematiker der Länder des Islam, entwickelt werden. Im folgenden führen wir einige Aufgaben von Gelehrten aus islamischen Ländern an. Die Aufgaben von AL-ḪWĀRIZMĪ und AL-BĪRŪNĪ werden in dem Kapitel angegeben, das der Mathematik auf dem Gebiet der heutigen UdSSR gewidmet ist, da das Werk dieser Gelehrten ein untrennbarer Bestandteil der Wissenschaft dieser Region ist.

Aufgaben

ABŪ-L-WAFĀ
(10. 6. 940—1. 8. 998)

102. Aus zwei gegebenen, nichtkongruenten Quadraten ist ein Quadrat zu konstruieren.

103. Aus drei gegebenen kongruenten Quadraten ist ein Quadrat zu konstruieren.

ABU ALI IBN SĪNĀ (AVICENNA)
(um 980—18. 6. 1037)

104. a) Wenn wir bei der Teilung einer Zahl durch 9 als Rest 1 oder 8 erhalten, so erhalten wir bei der Teilung des Quadrates dieser Zahl durch 9 den Rest 1.

b) Wenn wir bei der Teilung einer Zahl durch 9 als Rest 2 oder 7 erhalten, so erhalten wir bei der Teilung des Quadrates dieser Zahl durch 9 den Rest 4.

c) Wenn wir bei der Teilung einer Zahl durch 9 als Rest 1, 4 oder 7 erhalten, so läßt ihre dritte Potenz bei dieser Teilung durch 9 den Rest 1.

Abū Bakr Muḥammad Ibn al-Ḥusain al-Karağī
(10.–11. Jh.)

105. Es ist die Gleichung $x^7 = bx^5 + cx^3$ aufzulösen.

106. Man löse das Gleichungssystem:

$$\begin{cases} x^2 + y^2 = z^2, \\ xz = y^2, \\ xy = 10. \end{cases}$$

Abū-l-Fatḥ 'Umar Ibn Ibrahim al-Ḫayyām
(1048– um 1131)

107. Zu lösen ist die Gleichung $\frac{1}{x^2} + 2\frac{1}{x} = 1\frac{1}{4}$.

Ğamšid Ibn Masud al-Kāši
(gest. um 1430)

108. In einem Garten pflückte der erste einen Granatapfel, der zweite zwei und jeder folgende einen Granatapfel mehr. Danach teilten alle, die Granatäpfel gepflückt hatten, diese gleichmäßig zwischen sich auf, so daß jeder sechs Granatäpfel erhielt. Wie viele Leute pflückten Granatäpfel?

109. Am Ufer eines runden Sees gingen gleichzeitig zwei Leute von einem Punkt aus in entgegengesetzte Richtungen los. Der erste legte täglich 10 Meilen zurück. Der zweite lief am ersten Tag 1 Meile, und an jedem folgenden Tag legte er 1 Meile mehr zurück. Als sie sich trafen, ergab sich, daß der erste $\frac{1}{6}$ des Kreises und der zweite $\frac{5}{6}$ bewältigt hatte. Wie lang war das Ufer des runden Sees, und wie viele Tage waren die Wanderer unterwegs?

110. Die Zahl 10 ist so in zwei Teile zu zerlegen, daß das Quadrat des ersten Teiles, summiert mit dem zweiten Teil, eine Quadratzahl ergibt.

111. Wenn zu einer bestimmten Zahl $3\frac{1}{2}$ addiert bzw. von dieser Zahl $3\frac{1}{2}$ subtrahiert wird, so ist die erhaltene Summe bzw. Differenz eine Quadratzahl. Gesucht ist diese Zahl.

112. Ein Speer, der senkrecht im Wasser steht, ragt drei Ellen über die Wasseroberfläche hinaus. Der Wind beugt ihn und senkt ihn so ins Wasser, daß sich seine Spitze an der Wasseroberfläche befindet, während das untere Ende seine Lage nicht verändert hat. Gesucht ist die Länge des Speers, wenn die Entfernung zwischen der anfänglichen Lage der Spitze und dem Berührungspunkt mit der Wasseroberfläche 5 Ellen beträgt.

Die Mathematik der Länder des Islam war eine wichtige Etappe in der Geschichte der Mathematik und Physik. Im Rahmen des arabischen Kalifats erreichte die wissenschaftliche Kultur ein hohes Niveau. Erstes wissenschaftliches Zentrum wurde das 762 gegründete Bagdad, wo unter dem Kalifen AL-MA'MŪN (813—833) eine Art Akademie, das berühmte »Haus der Weisheit«, entstand, in dem Gelehrte aus vielen Ländern arbeiteten.

Weithin bekannt waren in verschiedenen Perioden des Mittelalters die Wissenschaftszentren in Damaskus, Rei, Buchara, Choresm, Gasna, Samarkand, Isfahan und Merv.

In den Städten der Kalifen wurde besonders die Astronomie gepflegt. Sie war von Bedeutung für den See- und Binnenhandel, für die Bewässerungsarbeiten und befriedigte die Bedürfnisse der zu dieser Zeit populären Pseudowissenschaft, der Astrologie. Die Astronomen der Bagdader Schule bestimmten als erste nach ERATOSTHENES von Kyrene die Länge eines Grades des Erdmeridians.

Große Beachtung schenkte man in dieser Periode der mathematischen Geographie, der Physik, der Geodäsie, der Mechanik und der Konstruktion verschiedener Instrumente. Da alle diese Wissenschaften auf Mathematik, besonders numerischer Mathematik, beruhten, so bestimmte das die Entwicklungsrichtungen der mathematischen Forschung. Die Mathematiker der Länder des Islam arbeiteten intensiv an der Entwicklung von Kalkülen zur Lösung arithmetischer, algebraischer und geometrischer

Aufgaben, zunächst einfacher, später auch recht komplizierter. Im Prozeß der Lösung konkreter Aufgaben wurden theoretische Untersuchungen durchgeführt, entstanden neue mathematische Begriffe, die dann zu wissenschaftlichen Theorien ausgebaut wurden. Gerade in dieser Periode formierten sich die ebene und die sphärische Trigonometrie zu Spezialdisziplinen. Indem die Gelehrten der islamischen Länder die Traditionen fortsetzten, die sich in der griechischen und hellenistischen Mathematik herausgebildet hatten, erzielten sie Erfolge, die in bedeutendem Maße die weitere Entwicklung der Mathematik bestimmten.

Die Aufmerksamkeit der Gelehrten der Länder des Islam richtete sich auch auf allgemeine Fragen der Geometrie, vor allem auf die Theorie der Parallelen. Der Gedanke an eine nichteuklidische Geometrie lag ihnen fern, sie lenkten ihre Anstrengungen auf den Beweis des Parallelenpostulats von Euklid aus Annahmen oder Prinzipien, die als offensichtlicher galten als dieses Postulat selbst. Alle diese Versuche mußten scheitern, da das Parallelenpostulat von den anderen Axiomen Euklids logisch unabhängig ist und auf deren Grundlage durch logische Schlüsse nicht bewiesen werden kann. Doch in der Mathematik sind Mißerfolge manchmal nützlich. Die Mathematiker der islamischen Länder machten bei dem Versuch, das Parallelenpostulat zu beweisen, hervorragende Entdeckungen: Sie zeigten die Abhängigkeit dieses Postulats vom Satz über die Innenwinkelsumme des Dreiecks, stellten die logische Äquivalenz einer Reihe von Aussagen der Parallelentheorie fest und bewiesen einige Behauptungen, die man als die ersten Sätze der Geometrie von Lobatschewski und Riemann ansehen kann.

Die Lösung von Aufgaben zur Flächen- und Volumenberechnung war ein weiterer Schritt auf dem Weg zur Ausarbeitung der Methoden der Differential- und Integralrechnung.

Lösungen

102. • Es seien zwei nichtkongruente Quadrate $ABCD$ und $MNKP$ gegeben, das erste größer als das zweite. Diese Quadrate sind so zu zerlegen, daß aus den erhaltenen Teilen ein neues Quadrat gebildet werden kann, das der Summe der gegebenen Quadrate flächengleich ist. Wir legen das kleinere Qua-

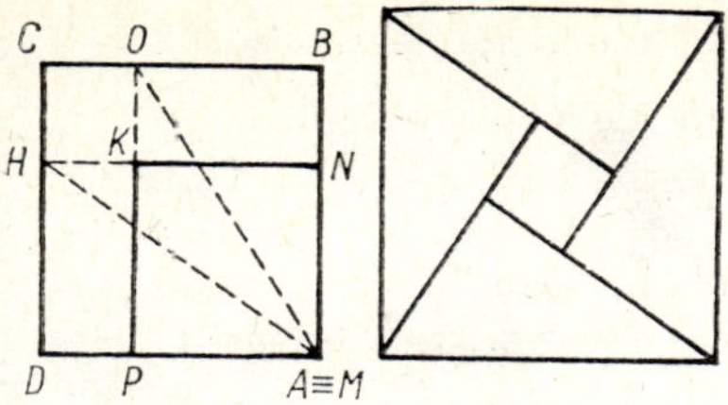

Bild 36

drat so in das größere, daß die Eckpunkte A und M, die Seite MN mit AB sowie MP mit AD zusammenfallen (Bild 36). Wir verlängern $\overline{NK}$ und $\overline{PK}$ und errichten $\overline{HA}$ und $\overline{OA}$.

103. ▾ siehe Bild 37

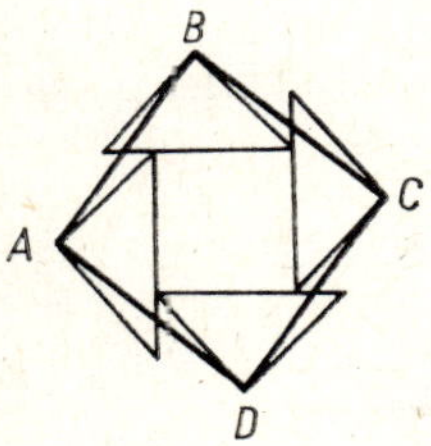

Bild 37

104. ● a) Es sei $n = 9k + 1$, dann gilt $n^2 = 81k^2 + 18k + 1 = 9(9k^2 + 2k) + 1 = 9p_1 + 1$. Wenn $n = 9k + 8$, so gilt $n^2 = 81k^2 + 144k + 64 = 9(9k^2 + 16k + 7) + 1 = 9p_2 + 1$.

b) Es sei $m = 9k + 2$, dann gilt $m^2 = 81k^2 + 36k + 4 = 9(9k^2 + 4k) + 4 = 9p_3 + 4$; wenn $m = 9k + 7$, so gilt $m^2 = 81k^2 + 126k + 49 = 9(9k^2 + 14k + 5) + 4 = 9p_4 + 4$.

c) Es sei $r = 9k + 1$, dann gilt $r^3 = (9k)^3 + 3(9k)^2 + 3 \cdot 9k + 1 = 9p_5 + 1$; wenn $r = 9k + 4$, so gilt $r^3 = (9k)^3 + 3(9k)^2 \cdot 4 + 3 \cdot 9k \cdot 16 + 64 = 9p_6 + 1$; wenn $r = 9k + 7$, so gilt $r^3 = (9k + 7)^3 = (9k)^3 + 3 \cdot (9k)^2 \cdot 7 + 3 \cdot 9k \cdot 49 + 343 = 9p_6 + 1$.

107. ▾ $x_1 = 2,\ x_2 = -\frac{2}{5}$

108. ● Wir bezeichnen die unbekannte Zahl mit x, dann gilt

$$\frac{x(x+1)}{2} = 6x,\ x^2 + x = 12x,\ x^2 = 11x,\ x = 11\,.$$

109. Wir nehmen die Anzahl der Tage mit x an, dann beträgt

der Weg des ersten Wanderers $10x$ und der des zweiten $\frac{(x+1)x}{2}$. Da der zweite $\frac{5}{6}$ des Weges zurückgelegt hatte, gilt

$$\frac{(x+1)x}{2} = 5 \cdot 10x, \quad \frac{x^2}{2} + \frac{x}{2} = 50x, \quad \frac{x^2}{2} = 49\frac{1}{2}x,$$

$$x = 99.$$

Der erste Wanderer hatte $99 \cdot 10 = 990$ (Meilen) zurückgelegt, was $\frac{1}{6}$ der Uferlänge ausmacht. Folglich beträgt der Kreisumfang 5940 Meilen. Der andere Wanderer hatte $5940 - 990 = 4950$ (Meilen) zurückgelegt.

110. • Es sei ein Teil x, dann kann man den zweiten Teil $(10 - x)$ als $2x + 1$ annehmen, da $x^2 + 2x + 1$ eine Quadratzahl ist: $x^2 + 2x + 1 = (x+1)^2$. Deshalb gilt $x + 2x + 1 = 10$, $3x = 9$; $x = 3$ ist der gesuchte erste Teil, der zweite Teil ist gleich 7.

111. • Die Aufgabe führt auf das Auffinden der rationalen Lösungen des Gleichungssystems

$$\begin{cases} x + 3\frac{1}{2} = t^2 \\ x - 3\frac{1}{2} = u^2, \end{cases}$$

oder $t^2 - u^2 = 7$, $x = 12\frac{1}{2}$.

112. ▾ Die Länge des Speers ist $5\frac{2}{3}$ Ellen.

Das mittelalterliche Europa

Die Zeit von der Herausbildung feudaler Verhältnisse in Westeuropa bis zu ihrem Niedergang, d. h. die Zeit vom 5./6. Jh. bis zum Ende des 16. Jh., wird als Mittelalter bezeichnet. Dieses Jahrtausend liegt tatsächlich in der Mitte zwischen der Epoche der antiken Sklavenhaltergesellschaft und der europäischen Renaissance. Natürlich sind die angegebenen historischen Grenzen relativ.

Die italienische Renaissance des 14.—16. Jh. ist die ausgeprägteste Erscheinung des Zerfalls der feudalen Formation und der Herausbildung frühbürgerlicher Verhältnisse. Der sowjetische Mathematiker W. A. Steklow gibt in seinem Buch »Die Mathematik und ihre Bedeutung für die Menschheit« eine treffende Einschätzung des ideologischen und kulturellen Klimas im mittelalterlichen Europa: »In dieser Zeit kommt über Europa eine Zeit der Nöte, die es in die undurchsichtige Finsternis der Unwissenheit und der Stagnation stürzte; ich meine das Christentum ... Die Epoche der Vernunft wird durch Jahrhunderte des tiefsten geistigen Schlafes abgelöst, der fast ohne Unterbrechung anderthalbtausend Jahre dauert. In der Geschichte der Menschheit findet sich von den Auswirkungen her kein größeres und schrecklicheres Unglück als dieses.«[1]

Es ist unmöglich, alle Verbrechen eines fanatischen Klerus an der Menschheit aufzuzählen – von der Zerstörung der berühmten alexandrinischen Bibliothek bis zu dem Scheiterhaufen, auf dem die Inquisitoren 1826 ihr letztes Opfer, einen Dorfschullehrer, verbrannten.

Vom Wissensstand im 7. und 8. Jh. in Westeuropa zeugen die Worte des irischen Mönches Beda des Ehrwürdigen (um 673 bis 735): »Wer zu dividieren vermag, dem erscheint keine Sache als

[1] Dieses Urteil muß etwas relativiert werden. Nach neueren Erkenntnissen war das Mittelalter durchaus nicht so »finster«, wie gemeinhin angenommen wird.

Hierarchie der mittelalterlichen Wissenschaften. Der mittelalterliche Student durchlief die Artistenfakultät (mit dem aus Grammatik, Rhetorik, Dialektik bestehenden Trivium und dem aus Musik, Arithmetik, Geometrie und Astronomie bestehenden Quadrivium), die er mit dem Grad eines Baccalaureus abschloß. Danach konnte er die juristische Fakultät, die medizinische Fakultät oder die an der Spitze der Wertung stehende theologische Fakultät absolvieren. Sinnbildliche Darstellung aus der »Margarita Philosophica« des Gregor Reich, Freiburg 1503.

schwer. Ich kenne viele komplizierte Dinge, doch nichts ist schwieriger als das Rechnen mit gebrochenen Zahlen.« BEDA war aber einer der gebildetsten Männer jener Zeit! Von dem niedrigen Stand der mathematischen Kultur und den ungünstigen Arbeitsbedingungen der Gelehrten zeugt auch die Tatsache, daß unter den Anschuldigungen gegen den römischen Papst SYLVESTER II. (Gerbert) (um 940—1003) auch diejenige war, daß er in der Lage sei, beliebig große Zahlen durcheinander zu teilen. In den Augen der Kirchendiener war das ein unwiderlegbarer Beweis dafür, daß er sich (selbst als römischer Papst!) dem Teufel verschrieben habe. Im 12. Jh. beginnen die Untersuchungsorgane der Kirche zu wirken, die später die Inquisition bildeten – ein schreckliches Instrument des Terrors gegen alles, was auch nur geringfügig von den Interessen der Kirche abwich. So wurden auf Befehl des Hauptes der spanischen Inquisition TORQUEMADA (1420—1498) 10220 Menschen lebendig verbrannt. 1486 schickte er den spanischen Mathematiker Paolo VALMES nur dafür auf den Scheiterhaufen, daß dieser die Unvorsichtigkeit beging, über seinen Erfolg – die Lösung einer Gleichung vierten Grades – zu erzählen. Der Gelehrte wurde der Verbindung mit dem Bösen beschuldigt, da er das getan hatte, was »nach Gottes Wille dem menschlichen Geist nicht gegeben ist«. Insgesamt wurden etwa 12 Millionen Menschen Opfer der Inquisition. Unter ihnen waren bekannte Gelehrte auch auf dem Gebiet der Mathematik und Physik.

Es ist deshalb natürlich, daß das mittelalterliche Europa der Mathematik wenig brachte. Erst in der Renaissance konnte das Niveau der Antike wieder erreicht und schließlich aufgrund neuer gesellschaftlicher Anforderungen an die Wissenschaft auch übertroffen werden.

Am Hofe des Frankenkönigs KARLS des Großen war ALCUIN (735—804) tätig, Begründer einer Reihe von Schulen und Autor mathematischer Lehrwerke. Das bekannteste dieser Lehrbücher waren die »Aufgaben zur Übung der Jugendlichen«, eine der ersten Sammlungen mathematischer Unterhaltungsaufgaben.

In den Beginn des 13. Jh. fällt die Tätigkeit des bedeutenden mittelalterlichen Mathematikers LEONARDO von Pisa (1180 bis 1240), genannt FIBONACCI, d. h. Sohn des BONACCIO, eines überzeugten Verfechters des Rechnens mit dem aus Indien stammenden dezimalen Positionssystem. Im »Buch vom Abacus« systematisierte LEONARDO ein reiches mathematisches Faktenmaterial und behandelte dieses mit außergewöhnlicher Vollständigkeit und Tiefgründigkeit. Viele Aufgaben aus diesem Buch wurden später in Sammlungen von Unterhaltungsaufgaben aufgenommen. Einige dieser Aufgaben wurden verallgemeinert und zu mathematischen Theorien weiterentwickelt.

Ein hervorragender Mathematiker, der seine Zeitgenossen bedeutend übertraf, war der französische Gelehrte Nicolaus ORESME (um 1323—1382). In der »Abhandlung über Proportionen« und dem »Algorithmus der Proportionen« gab er Regeln für das Operieren mit positiven gebrochenen Exponenten an und näherte sich dem Begriff des irrationalen Exponenten. In dem umfassenden Buch »Über die Konfiguration der Qualitäten« entwickelte ORESME die Idee der funktionalen Abhängigkeit weiter, die von dem Engländer Richard SWINESHEAD (um 1350) ausgearbeitet worden war. ORESME war der Autor zahlreicher wissenschaftlicher Werke. Daneben trat er gegen Astrologie und Wahrsagerei sowie gegen die Übergriffe der Kirche auf.

Aufgaben

ALCUIN (735—804)

113. Ein Hund jagt ein Kaninchen, das sich 150 Fuß vor ihm befindet. Jedesmal, wenn das Kaninchen 7 Fuß weit springt, macht der Hund einen Satz von 9 Fuß. Wie viele Sprünge muß er machen, um das Kaninchen einzuholen?

114. Es sind 100 Scheffel Weizen so zwischen 100 Leuten aufzuteilen, daß jeder Mann 3, jede Frau 2 und jedes Kind $\frac{1}{2}$ Scheffel erhält. Wie viele Männer, Frauen und Kinder sind es?

LEONARDO VON (PISA FIBONACCI) (1180—1240)

115. Jemand hat 30 Vögel für 30 Münzen gekauft. Für drei Spatzen zahlte er 1 Münze, für zwei Wildtauben ebenfalls 1

Münze, und für jede Taube 2 Münzen. Wie viele Vögel jeder Art hat er gekauft?

116. Wie viele Kaninchenpaare werden in einem Jahr von einem Paar erzeugt, wenn jedes Paar einen monatlichen Zuwachs von einem Paar liefert, das wiederum nach einem Monat fortpflanzungsfähig ist? Dabei soll kein Paar umkommen.

117. Wenn die Folge FIBONACCIscher Zahlen 0, 1, 1, 2, 3, 5, 8, 13, 21, . . ., mit $u_0 = 0$, $u_1 = 1$ und $u_n = u_{n-1} + u_{n-2}$ gegeben ist, so gilt

$$u_n = \frac{1}{\sqrt{5}}\left[\left(\frac{1+\sqrt{5}}{2}\right)^n - \left(\frac{1-\sqrt{5}}{2}\right)^n\right].$$

118. Mit welchem System von Gewichten, von denen je eins vorhanden ist, lassen sich alle möglichen ganzzahligen Lasten bis 41 Pfund wägen, falls die Gewichte nur auf eine Waagschale gelegt werden?

119. Zwei Türme, einer 40 und der andere 30 Fuß hoch, sind 50 Fuß voneinander entfernt. Zu einem zwischen ihnen gelegenen Brunnen fliegen gleichzeitig von beiden Türmen zwei Vögel ab. Wenn die Vögel mit gleichen Geschwindigkeiten fliegen, so erreichen sie gleichzeitig den Brunnen. Gesucht ist die Entfernung vom Brunnen zu den Türmen.

120. Gesucht ist eine Zahl, die, mit $\frac{19}{20}$ multipliziert, ihr eigenes Quadrat ergibt.

121. Man löse die Gleichungen:

$$\text{a) } 3x + 4\sqrt{x^2 - 3x} = 20;$$

$$\text{b) } 3x + 4\sqrt{x^2 - 3x} = x^2 + 4;$$

$$\text{c) } x + \sqrt{x} + \sqrt{2x} + \sqrt{5x^2} = 10.$$

Hinweis zu b) LEONARDO von Pisa setzt $\sqrt{x^2 - 3x} = y$, dann ist $4y = y^2 + 4$, woraus $y = 2$ folgt, aus der Gleichung $x^2 - 3x - 4 = 0$ finden wir x; c) wir schreiben die Gleichung in folgender Form: $x(1 + \sqrt{5}) + \sqrt{x}\,(1 + \sqrt{2}) - 10 = 0$. Wir erhalten eine quadratische Gleichung für $\sqrt{x}$.

122. Drei Leute verfügen über eine bestimmte Summe Geldes, wobei das Geld des ersten die Hälfte, des zweiten ein Drittel und des dritten ein Sechstel der Gesamtsumme ausmacht. Um einen Teil des Geldes zu sparen, nimmt jeder aus der Gesamtsumme soviel, wie er tragen kann; dann gibt der erste zur Verwahrung die Hälfte, der zweite ein Drittel und der dritte ein Sechstel dessen ab, was er trug. Nach einiger Zeit nehmen sie dieses Geld an sich, und jeder erhält $\frac{1}{3}$ der Gesamtsumme, die aufbewahrt wurde. Wieviel Geld besaß jeder?

123. Vergrößern oder verkleinern wir eine gesuchte Quadratzahl um 5, so erhalten wir wieder Quadratzahlen. Wie heißt diese Zahl?

124. Gesucht sind solche Zahlen x, y, z, daß die Summen $x + y + z + x^2$, $x + y + z + x^2 + y^2$ und $x + y + z + x^2 + y^2 + z^2$ Quadratzahlen ergeben.

Die Aufgaben 122 bis 124 wurden Leonardo Fibonacci auf einem Turnier von dem Philosophen des Kaisers Friedrich II., dem Magister Johannes von Palermo, im Beisein des Kaisers vorgelegt. Dies war offensichtlich das erste öffentliche mathematische Turnier. Fibonacci trug einen glänzenden Sieg davon.

Nicolaus Oresme
(um 1323–1382)

125. Man zeige, daß $\frac{1}{2} + \frac{3}{8} + \frac{1}{4} + \frac{3}{16} + \frac{1}{8} + \frac{3}{32} + \ldots = \frac{7}{4}$.

Hinweis: Die Summe ist aus den Gliedern zweier unendlicher geometrischer Reihen gebildet:

$$\left(\frac{1}{2} + \frac{1}{4} + \frac{1}{8} + \ldots + \frac{1}{2^n} + \ldots\right)$$

$$+ 3\left(\frac{1}{8} + \frac{1}{16} + \frac{1}{32} + \ldots + \frac{1}{2^{n+3}} + \ldots\right).$$

126. Man zeige die Divergenz der harmonischen Reihe:

$$1 + \frac{1}{2} + \frac{1}{3} + \frac{1}{4} + \ldots + \frac{1}{n} + \ldots$$

Die harmonische Reihe divergiert äußerst langsam: $H_{1000} = 7{,}485$, $H_{1000000} = 14{,}393$, $H_{2^{143}} < 100$, $H_{2^{144}} > 100$. Wenn jeder Bruch der harmonischen Reihe auf 1 cm² Papier notiert würde, so könnte man mit lediglich 2^{100} Kästchen die Erdkugel in 400 Mrd. Schichten bedecken. Der Beweis der Divergenz der harmonischen Reihe durch Oresme zeichnet sich durch Einfachheit und Eleganz aus. Später wurde dieser Beweis durch den italienischen Mathematiker P. Mengoli (1650) und die Brüder Johann und Jacob Bernoulli (1689) unabhängig von Oresme wiederentdeckt.

127. Gesucht ist der Flächeninhalt der Figur, die aus einer unendlichen Menge von Rechtecken gebildet wird; wobei die Längen der waagerechten Seiten der Rechtecke im Verhältnis 4 : 1 abnehmen und die Längen der senkrechten im Verhältnis 1 : 2 zunehmen (Bild 38).

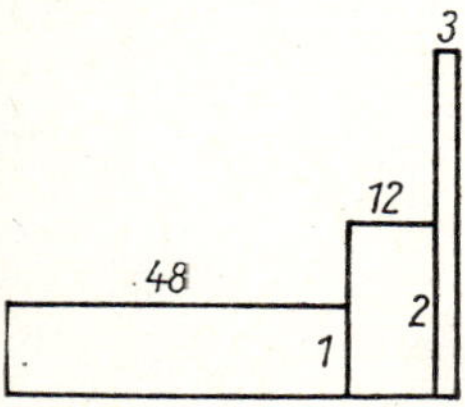

Bild 38

In der Abhandlung »Über die Konfiguration der Qualitäten« (etwa 1350) führt Oresme auch andere Konstruktionen von Figuren unendlicher Ausdehnung an, welche endliche Flächeninhalte besitzen. Unendliche gekrümmte Figuren endlicher Fläche bzw. endlichen Volumens entdeckten P. Fermat und E. Torricelli.

Lösungen

113. ▾ 75 Sprünge

114. ● Die Aufgabe führt auf die Auflösung des Gleichungssystems:

$$\begin{cases} 3x + 2y + \frac{1}{2} z = 100\,, \\ x + y + z = 100\,. \end{cases}$$

Durch Eliminierung von z erhalten wir:

$$200 - 6x - 4y = 100 - x - y,\ 100 = 5x + 3y,\ 20 = x + \frac{3y}{5}.$$

Da y ganz ist, muß es ein Vielfaches von 5 sein, z. B. $5u$. Dann gilt $y = 5u$ und $20 = x + 3u$, $x = 20 - 3u$. Da $x \in N$, kann u die Werte 0, 1, 2, 3, 4, 5, 6 annehmen. Wir erhalten entsprechend 7 Lösungen:

Männer (x) — 20, 17, 14, 11, 8, 5, 2;
Frauen (y) — 0, 5, 10, 15, 20, 25, 30;
Kinder (z) — 80, 78, 76, 74, 72, 70, 68.
ALCUIN gibt nur eine Lösung an: 11, 15, 74.

115. • Die Aufgabe führt auf die Auflösung des diophantischen Gleichungssystems

$$\begin{cases} x + y + z = 30, \\ \frac{1}{3}x + \frac{1}{2}y + 2z = 30, \end{cases}$$

wobei x die Zahl der gekauften Spatzen, y die der Wildtauben und z die der Tauben ist. Durch Eliminierung von z erhalten wir die diophantische Gleichung $10x + 9y = 180$, oder $y = 20 - \frac{10}{9}x$; x muß ein Vielfaches von 9 sein; also ist $x = 9$ der einzig mögliche Wert für x, denn falls $x = 18$, so ist $y = 0$, was ausgeschlossen wird. Deshalb gilt $x = 9$, $y = 10$ und $z = 11$.

116. • Zu Jahresbeginn haben wir 1 Kaninchenpaar, nach 1 Monat sind es 2 Paare, nach zwei Monaten 3 Paare, nach drei 5, danach werden es nach jedem Monat 8, 13, 21, 34, 55, 89, 144, 233 und schließlich 377 Kaninchenpaare.

Die Lösung dieser Aufgabe führt auf die interessante rekursive Zahlenfolge: 1, 1, 2, 3, 5, 8, 13, 21, 34, 55, 89, 144, 233, 377, ..., $u_n = u_{n-1} + u_{n-2}$. Der französische Mathematiker Eduard LUCAS (1842–1891) nannte die Folge, deren Glieder nach solch einem Rekursivgesetz gebildet werden, FIBONACCIsche Folgen und ihre Glieder FIBONACCIsche Zahlen.

Die FIBONACCIschen Zahlen tauchen bei der Lösung zahlreicher praktischer und theoretischer Probleme auf und besitzen viele interessante Eigenschaften. Insbesondere läßt sich die Summe der ersten n aufeinanderfolgenden FIBONACCIschen Zahlen nach der Formel $u_1 + u_2 + \ldots + u_n = u_{n+2} - 1$ berechnen.

117. • Wir beweisen diese Beziehung durch vollständige Induktion. 1. Die Formel gilt für $n = 0$. 2. Wir nehmen an, daß sie für $n \leq k$ $(k \in N)$ gilt. 3. Wir zeigen die Gültigkeit für $n = k + 1$.

$$u_{k+1} = u_k + u_{k-1} = \frac{1}{\sqrt{5}}\left(\left(\frac{1+\sqrt{5}}{2}\right)^k - \left(\frac{1-\sqrt{5}}{2}\right)^k\right)$$

$$+ \frac{1}{\sqrt{5}}\left(\left(\frac{1+\sqrt{5}}{2}\right)^{k-1} - \left(\frac{1-\sqrt{5}}{2}\right)^{k-1}\right)$$

$$= \frac{1}{\sqrt{5}}\left(\left(\frac{1+\sqrt{5}}{2}\right)^{k-1} \cdot \frac{\sqrt{5}+3}{2}\right.$$

$$\left. - \left(\frac{1-\sqrt{5}}{2}\right)^{k-1} \cdot \frac{3-\sqrt{5}}{2}\right)$$

Es ist aber

$$\left(\frac{1+\sqrt{5}}{2}\right)^2 = \frac{3+\sqrt{5}}{2} \quad \text{und} \quad \left(\frac{1-\sqrt{5}}{2}\right)^2 = \frac{3-\sqrt{5}}{2}.$$

Deshalb gilt

$$u_{k+1} = \frac{1}{\sqrt{5}}\left(\left(\frac{1+\sqrt{5}}{2}\right)^{k+1} - \left(\frac{1-\sqrt{5}}{2}\right)^{k+1}\right).$$

118. • Die Aufgabe führt auf die Frage nach der möglichen Darstellung jeder beliebigen natürlichen Zahl kleiner 41 durch eine gewisse Auswahl von kleineren natürlichen Zahlen. Möglich ist die Auswahl 1, 2, 3, 5, 10, 20. Für größere Zahlen ist die Auswahl schwierig durchzuführen, da es keinen Algorithmus zur Darstellung natürlicher Zahlen in Form aller möglichen Summen aus kleineren natürlichen Zahlen gibt. Für den allgemeinen Fall wird die Aufgabe mit Hilfe des dualen Zahlensystems gelöst. Fibonacci wählte als erster diese Lösungsmethode.

Im Dualsystem werden nur die beiden Ziffern 0 und 1 verwendet, da schon zwei Einheiten irgendeiner Potenz eine Einheit der nächsten Potenz bilden. So werden z. B. die ersten 10 aufeinanderfolgenden natürlichen Zahlen im Dualsystem folgendermaßen geschrieben: 1, $1 + 1 = 2 = 10_2$, $10_2 + 1 = 11_2$, $11_2 + 1 = 100_2$, $100_2 + 1 = 101_2$, $101_2 + 1 = 110_2$, $110_2 + 1 = 111_2$, $111_2 + 1 = 1000_2$, $1000_2 + 1 = 1001_2$, $1001_2 + 1 = 1010_2$. Dabei bedeutet z. B. 101_2: $1 \cdot 2^0 + 0 \cdot 2^1 + 1 \cdot 2^2$, also die Zahl 5.

Im Dualsystem kann mit Hilfe von sechs Stellenwerten ($10_2^0 = 1$, $10_2 = 2$, $10_2^2 = 4$, $10_2^3 = 8$, $10_2^4 = 16$, $10_2^5 = 32$) jede beliebige Zahl kleiner als $1 + 2 + 4 + 8 + 16 + 32 = 63$ ausgedrückt werden. Deshalb kann unter Verwendung von sechs Gewichten zu 1, 2, 4, 8, 16 und 32 Pfund jede beliebige ganzzahlige Last bis 63 Pfund gewogen werden. In der Mathematikgeschichte ist die genannte Aufgabe unter der Bezeichnung BACHET-MENDELEJEWsches Problem bekannt.

119. ▾ 18 Fuß, 32 Fuß

120. ● Wir bezeichnen die gesuchte Zahl mit x, dann gilt laut Aufgabenstellung $\frac{19}{20}x = x^2$. Diese Gleichung besitzt die Lösungen $x_1 = 0$ und $x_2 = \frac{19}{20}$. Beide genügen der Aufgabenstellung.

121. ▾ a) $x_1 = 4$, $x_2 = -14\frac{2}{7}$

122. ● Es sei t die Gesamtsumme, der erste trägt an Geld x, der zweite y, der dritte z. Die Aufgabe führt auf die Auflösung des Systems dreier diophantischer Gleichungen:

$$\begin{cases} \frac{t}{2} = \frac{x}{2} + \frac{1}{3}\left(\frac{x}{2} + \frac{y}{3} + \frac{z}{6}\right), \\ \frac{t}{3} = \frac{2}{3}y + \frac{1}{3}\left(\frac{x}{2} + \frac{y}{3} + \frac{z}{6}\right), \\ \frac{t}{6} = \frac{5}{6}z + \frac{1}{3}\left(\frac{x}{2} + \frac{y}{3} + \frac{z}{6}\right). \end{cases}$$

Die kleinsten Werte sind $y = 13$, $t = 47$, woraus $z = 1$, $x = 33$ folgt. Der Anteil des ersten beträgt $23\frac{1}{2}$, des zweiten $15\frac{2}{3}$, des dritten $7\frac{5}{6}$. Die Aufgabe besitzt drei Lösungen.

123. ● Die gesuchte Zahl sei x^2, dann gilt $x^2 + 5 = u^2$ und $x^2 - 5 = v^2$, woraus folgt $u^2 - v^2 = 10$, $(u + v)(u - v) = \frac{1440}{144} = \frac{80 \cdot 18}{12^2}$. Mit $u + v = \frac{80}{12}$ und $u - v = \frac{18}{12}$ finden wir $u = \frac{49}{12}$, $v = \frac{31}{12}$; hieraus folgt $x = \frac{41}{12}$. Probe: $\left(\frac{41}{12}\right)^2 + 5 = \left(\frac{49}{12}\right)^2$;

$$\left(\frac{41}{12}\right)^2 - 5 = \left(\frac{31}{12}\right)^2.$$

124. ▼ $x = \frac{16}{5}$, $y = \frac{48}{5}$, $z = \frac{144}{5}$

126. ● Wir gruppieren die Glieder der Reihe, beginnend mit dem dritten, nacheinander zu je 2, 4, 8, ..., 2^{k-1}, ... Gliedern in jeder Gruppe:

$$\left(\frac{1}{3} + \frac{1}{4}\right) + \left(\frac{1}{5} + \frac{1}{6} + \frac{1}{7} + \frac{1}{8}\right)$$
$$+ \left(\frac{1}{9} + \frac{1}{10} + \dots + \frac{1}{15} + \frac{1}{16}\right) + \dots$$
$$+ \left(\frac{1}{2^{k-1}+1} + \frac{1}{2^{k-1}+2} + \dots + \frac{1}{2^k}\right) + \dots$$

Jede Summe in Klammern ist größer als $\frac{1}{2}$. Bezeichnen wir die n-te Teilsumme der harmonischen Reihe mit H_n ($n = 2, 4, 8, \dots, 2^{k-1}, \dots$), erhalten wir $H_{2^k} > k \cdot \frac{1}{2}$. Dies bedeutet, daß die Reihe divergent ist.

127. ● Die Aufgabe führt auf die Berechnung der Summe der unendlichen geometrischen Reihe: $48 + 24 + 12 + 6 + \dots$.

$$S = \frac{48}{1 - \frac{1}{2}} = 96\,.$$

Rechenung nach der lenge/ auff den Linihen vnd Feder.

Darzu forteil vnd behendigkeit durch die Proportio=
nes/Practica genant/Mit grüntlichem
vnterricht des visierens.

Durch Adam Riesen.
im 1550. Jar.

Cum gratia & priuilegio
Cæsareo.

Titelbild eines Rechenbuches von Adam Ries. Das 1550 in Leipzig gedruckte Buch zeigt als einziges ein (authentisches) Porträt des großen Rechenmeisters.

Die Renaissance

Das 15. und 16. Jh. nennen die Historiker das Zeitalter der Renaissance. Renaissance bedeutet Wiedergeburt; gemeint ist die Wiedergewinnung des Standes von Wissenschaft und Kunst, der in der Antike erreicht worden war. F. ENGELS charakterisierte diese zwei Jahrhunderte treffend so: »Es war die größte progressive Umwälzung, die die Menschheit bis dahin erlebt hatte, eine Zeit, die Riesen brauchte und Riesen zeugte, Riesen an Denkkraft, Leidenschaft und Charakter, an Vielseitigkeit und Gelehrsamkeit.«[1] In die Zeit der Renaissance fällt die Tätigkeit solcher hervorragender Gelehrter wie LEONARDO da Vinci, GALILEO GALILEI und Nicolaus COPERNICUS. Die Mathematik wurde besonders populär, man suchte in ihr das letzte Kriterium der Wahrheit, und LEONARDO da Vinci rief, an die Adresse der Gegner der Mathematik gerichtet, aus: »Wer die höchste Wahrheit der Mathematik herabsetzt, der verfällt einem Irrtum.«

Die Wissenschaften, darunter die Mathematik, entwickelten sich in dieser Zeit unter den Bedingungen eines grausamen Terrors von seiten des Klerus. Am 11. Februar 1600 wurde in Rom auf dem Platz der Blumen Giordano BRUNO, ein Streiter für die wissenschaftliche Wahrheit, verbrannt. Da der dominikanische Prediger CACCINI spürte, welche Gefahr die astronomischen Entdeckungen Galileo GALILEIS für die religiösen Dogmen und Legenden heraufbeschworen, verdammte er 1614 den Forscherdrang der Menschen, die sich den »Irrlehren« der Mathematiker zuwandten. (Damals bezeichnete man auch Physiker und Astronomen als Mathematiker.) Er meinte, daß die Mathematik eine Erfindung des Teufels sei und die Philosophen, die sie studieren, aller Ketzereien schuldig wären und deshalb aus den christlichen Ländern verbannt werden sollten.

[1] ENGELS, F.: Dialektik der Natur. – In: Marx/Engels-Werke. Band 20, S. 312. – Berlin, 1962

Die über die progressiven Gelehrten verhängten Strafen konnten den menschlichen Gedanken nicht aufhalten. Die Mathematik erreichte neue Erfolge, sie entwickelte sich vor allem in Italien, Frankreich, Deutschland und später auch in Holland. Ein bedeutendes Ereignis in der Geschichte der Mathematik war die Tätigkeit Luca PACIOLIS (um 1445—1514), der 1494 das große Werk »Summa de Arithmetica, Geometria, Proportioni e Proportionalità« veröffentlichte. Es enthielt verschiedene Regeln für arithmetische Operationen und algebraische Rechnungen. PACIOLI verwendete ausgiebig die algebraische Symbolik, die von italienischen Algebraikern erarbeitet worden war. Einen weiteren Schritt in der Ausarbeitung der mathematischen Symbolik taten die deutschen Algebraiker des 16. Jh., die »Cossisten«, deren bekannteste Vertreter Michael STIFEL (1486—1567), Christoph RUDOLFF (1500—1545) und Adam RIES (1489—1559) waren. Die Terminologie der Cossisten war in Europa weit verbreitet. Sie wurde auch von L. P. MAGNIZKI in seiner »Arithmetik« verwendet.

Die italienischen Gelehrten erzielten im 16. Jh. hervorragende Ergebnisse. Der talentierte autodidaktische Mathematiker und Mechaniker Niccolò TARTAGLIA (1500—1557) löste durch Radikale eine kubische Gleichung des Typs $x^3 = ax + b$ und einige andere Typen unvollständiger kubischer Gleichungen auf. Girolamo CARDANO (1501—1576) entlockte TARTAGLIA das Geheimnis seiner Entdeckung, wobei er den Schwur ablegte, daß er das Geheimnis niemandem preisgeben wolle. CARDANO war ein vorzüglicher Mathematiker, und es gelang ihm, diese Methode TARTAGLIAS auf andere Typen spezieller und schließlich auf allgemeine kubische Gleichungen zu erweitern und zu verallgemeinern.

1545 veröffentlichte CARDANO das Buch »Die große Kunst oder über die algebraischen Regeln«, in welchem er den TARTAGLIA gegebenen Eid brach und dessen Lösung veröffentlichte. Das Buch enthält ferner CARDANOS eigene Entdeckungen, außerdem die von Ludovico FERRARI (1522—1565), einem seiner Schüler, entdeckte Auflösung der Gleichung vierten Grades durch Radikale. Die Ergebnisse von TARTAGLIA, CARDANO und FERRARI hatten große Bedeutung für den weiteren Fortschritt in der Algebra und der gesamten Mathematik. Obwohl die gefundenen Formeln keine Vorteile gegenüber den Näherungsmethoden brachten, war ihre Entdeckung ein Schritt über das in der Antike erzielte Niveau hinaus. Vor der Wissenschaft erhoben sich neue tiefliegende Probleme, vor allem die Frage nach der Auflösbarkeit von Gleichungen höheren Grades durch Radikale. Diese Frage führte im 18. Jh. zur Einführung gruppentheoretischer Betrachtungen in die Mathematik und später zur Gruppentheorie, einer der tiefgründigsten und fruchtbarsten Gebiete der modernen Mathematik.

Schon bei der Auflösung quadratischer Gleichungen waren Quadratwurzeln aus negativen Zahlen zu ziehen. Die indischen Mathematiker nahmen an, daß solche quadratischen Gleichungen keine Lösungen besitzen, und ignorierten die gefundenen Lösungen. CARDANO und seine Zeitgenossen trafen auf eine neue Erscheinung: Im Fall, daß die Koeffizienten und alle Wurzeln der kubischen Gleichung $x^3 + px + q = 0$ reell sind, waren entsprechend der TARTAGLIA-CARDANOschen Formel

$$x = \sqrt[3]{-\frac{q}{2} + \sqrt{\left(\frac{q}{2}\right)^2 + \left(\frac{p}{3}\right)^3}} + \sqrt[3]{-\frac{q}{2} - \sqrt{\left(\frac{q}{2}\right)^2 + \left(\frac{p}{3}\right)^3}}$$

unter der Kubikwurzel eine Quadratwurzel aus einer negativen Zahl zu ziehen. Ein Beispiel einer solchen Gleichung ist

$$x^3 - 21x + 20 = 0$$

Es ist $$x = \sqrt[3]{-10 + \sqrt{-243}} + \sqrt[3]{-10 - \sqrt{-243}}\,, \qquad (*)$$

obwohl alle Lösungen reell sind: (—5), 1, 4. Es wurden Versuche angestellt, in der Formel (*) die Ausziehung einer Quadratwurzel aus einer negativen Zahl zu vermeiden. Man wollte die drei reellen Lösungen der Gleichung ausschließlich durch Operationen mit reellen Zahlen gewinnen, doch diese Suche war erfolglos. Deshalb wurde dieser Fall der casus irreducibilis, der irreduzible Fall, genannt. So wurden die Mathematiker von der inneren Logik der Entwicklung der Mathematik gezwungen, noch einen Schritt zur Erweiterung des Zahlbegriffs zu tun und komplexe Zahlen einzuführen. Diese äußerst wichtigen mathematischen Objekte wurden aus den Bedürfnissen der Mathematik heraus eingeführt, fanden aber mit der Zeit auch breite Anwendung bei der Lösung verschiedenster praktischer Aufgaben der Hydro- und Aerodynamik, der Biologie, der Technik und der Raumfahrt.

Die Bedeutung der komplexen Zahlen verstand bereits CARDANO. Exakte Rechenregeln für sie wurden von dem italienischen Mathematiker Raffael BOMBELLI (um 1530 bis nach 1572) angegeben.

Michael STIFEL (19. 4. 1486—18. 4. 1567), der Prediger war, wird oft im Zusammenhang mit seiner »Vorausberechnung« des Weltuntergangs erwähnt. Nach den Rechnungen STIFELS sollte dieser am 19. Oktober 1533 eintreten, wovon er seine Gemeinde rechtzeitig unterrichtete. In Erwartung des Jüngsten Tages vernachlässigten die Menschen ihre Geschäfte. Die Weissagung erfüllte sich natürlich nicht, und man forderte von dem erfolglosen Propheten Schadenersatz. STIFEL mußte sich durch die Flucht retten. Er zog die richtige Schlußfolgerung aus seinem Mißerfolg, gab den Zahlenaberglauben auf und beschäftigte sich ernsthaft mit Mathematik. Diese Beschäftigung brachte ihm wirklichen Erfolg. STIFEL gab eine in Worten ausgedrückte Formulierung der Entwicklung von $(a + b)^n$ für natürliche Exponenten an, hatte die Idee des Logarithmus einer Zahl und stellte Betrachtungen zu einer mehrdimensionalen Verallgemeinerung des Würfels an. STIFELS Abhandlung »Summe der Arithmetik« erfreute sich zu seiner Zeit einer großen Popularität.

An der Grenze von der Renaissance zur Neuzeit ragt die großartige Persönlichkeit des tiefsinnigen Denkers François VIÈTE (1540—13. 12. 1603) hervor. VIÈTE (lat. Vieta) hat ein bedeutendes wissenschaftliches Erbe hinterlassen. In seinen Werken wurde die Algebra zur allgemeinen Wissenschaft von den algebraischen Gleichungen, gegründet auf symbolische Bezeichnungen. Er entdeckte interessante Sätze über das Verhältnis zwischen Koeffizienten und Lösungen algebraischer Gleichungen, bewies eine Reihe von Formeln der ebenen und sphärischen Trigonometrie und löste viele schwierige Aufgaben. Der holländische Ingenieur Simon STEVIN (1548—1620) veröffentlichte 1585 ein Buch unter dem Titel »Das Zehntel«, in welchem zum ersten Mal in Europa die Theorie der Dezimalbrüche und das dezimale Maßsystem dargestellt wurden. Er trat energisch gegen jeglichen Zahlenaberglauben auf und betonte die Gleichberechtigung aller Zahlen als mathematische Begriffe: »Wir kommen zu dem Schluß, daß es keine absurden, unbegreiflichen, falschen, unerklärlichen oder unfruchtbaren Zahlen gibt. Unter den Zahlen herrscht eine solche Vollkommenheit und Übereinstimmung, daß wir Tag und Nacht über ihre erstaunlichen Gesetzmäßigkeiten nachdenken sollten.« Die Mathematik fand zunehmend Anwendung bei der Aufdeckung der Geheimnisse der Natur. 1543 erschien das Werk von Nicolaus COPERNIKUS »Über die Drehung der Himmelssphären«. LEONARDO da Vinci und Albrecht DÜRER wandten in breitem Umfang mathematische Methoden in der Malerei, GALILEI bei physikalischen Untersuchungen an.

Aufgaben

LUCA PACIOLI
(um 1445–1517)

128. Man löse auf elementare Weise die Gleichung:

$$x^4 + 2x^3 + 3x^2 + 2x - 81\,600 = 0\,.$$

129. Der Nenner des folgenden Bruchs ist in eine rationale Form zu bringen:

$$\frac{\sqrt{10}}{\sqrt{6} + \sqrt{7} + \sqrt{8}}\,.$$

130. Der Radius eines einem Dreieck einbeschriebenen Kreises beträgt 4 Längeneinheiten. Der Berührungspunkt teilt eine der Dreiecksseiten in Strecken der Länge 6 und 8 Einheiten. Gesucht sind die Längen der beiden anderen Dreiecksseiten.

131. Der Flächeninhalt eines Dreiecks beträgt 84 Flächeneinheiten. Man berechne seine Seitenlängen, wenn bekannt ist, daß sie durch aufeinanderfolgende natürliche Zahlen ausgedrückt werden.

LEONARDO DA VINCI
(1452–1519)

132. Wenn sich zwei kongruente Kreise schneiden, so stellt die Gerade durch die Schnittpunkte eine Menge von Punkten dar, welche gleich weit von den Mittelpunkten dieser Kreise entfernt sind.

Michael Stifel
(1486–1567)

133. Man prüfe die Gleichung

$$\sqrt{16} + \sqrt[3]{18} = \sqrt{\sqrt[3]{4096}} + \sqrt{\sqrt[3]{64}}\,.$$

134. Man löse die Gleichung $216 + \sqrt{41472} - 18x - \sqrt{648x^2} = 0$.

Dies war in der Geschichte der Mathematik vermutlich die erste Gleichung mit einer Null auf der rechten Seite.

Niccolo Tartaglia
(1500–1557)

135. Auf einer gegebenen Strecke $\overline{AB}$ ist mit Lineal und gegebener Zirkelspanne ungleich $|AB|$ ein gleichseitiges Dreieck zu konstruieren.

136. Jemand besitzt 24 Pfund kostbaren Öles. Ihm stehen Gefäße mit den Fassungsvermögen 13, 11 und 5 Pfund zur Verfügung. Wie kann er unter Verwendung dieser Gefäße das Öl in drei gleiche Teile aufteilen?

Girolamo Cardano
(1501–1576)

137. Man löse auf elementare Weise die Gleichung

$$13x^2 = x^4 + 2x^3 + 2x + 1\,.$$

138. Man zerlege die Zahl 10 in zwei Summanden so, daß deren Produkt 40 beträgt.

Raffael Bombelli
(um 1530 — nach 1572)

139. Es ist zu zeigen, daß

$$\sqrt[3]{2+\sqrt{-121}}+\sqrt[3]{2-\sqrt{-121}}=4\,.$$

140. Man löse die Gleichung $x^3 = 15x + 4$.

François Viète
(1540—1603)

141. Durch Vereinfachung des Produkts $\cos\frac{\alpha}{2}\cdot\cos\frac{\alpha}{4}\cdot\cos\frac{\alpha}{8}\ldots$ $\ldots\cos\frac{\alpha}{2^n}\ldots$ ist die Vietasche Formel für $\frac{\pi}{2}$ herzuleiten:

$$\frac{\pi}{2}=\frac{1}{\sqrt{\frac{1}{2}}\left(\sqrt{\frac{1}{2}+\frac{1}{2}\sqrt{\frac{1}{2}}}\right)\left(\sqrt{\frac{1}{2}+\frac{1}{2}\sqrt{\frac{1}{2}+\frac{1}{2}\sqrt{\frac{1}{2}}}}\right)}$$

$$\times\frac{1}{\left(\sqrt{\frac{1}{2}+\frac{1}{2}\sqrt{\frac{1}{2}+\frac{1}{2}\sqrt{\frac{1}{2}+\frac{1}{2}\sqrt{\frac{1}{2}}}}}\right)\cdots}$$

$$=\lim_{n\to\infty}\frac{1}{a_0\cdot a_1\cdot\ldots a_n}\quad\text{mit}\quad a_0=\sqrt{\frac{1}{2}}\quad\text{und}$$

$$a_n=\sqrt{\frac{1}{2}+\frac{1}{2}a_{n-1}}$$

142. Wenn die kubische Gleichung $x^3-(a+b+c)x^2+(ab+ac+bc)x=abc$ gegeben ist, so sind a, b, c die Lösungen dieser Gleichung. Man überprüfe das für die Gleichungen: $x^3-6x^2+11x-6=0$, $x^3-4x^2-4x+16=0$

143. Man löse die Gleichungen auf: a) $\frac{ax}{b}-\frac{ax-ac}{d}=0$; b) $y^6-2b^3y^3=a^6$.

Simon Stevin
(1548–1620)

144. Man löse folgende Gleichungen auf: a) $x^3 = 6x + 40$, b) $x^9 = 3x^6 + 5x^3$.

Galileo Galilei
(15. 2. 1564–8. 1. 1642)

145. Drei Würfel werden gleichzeitig geworfen. Welches Ereignis hat eine größere Wahrscheinlichkeit, das Erscheinen der Augensumme 9 oder das Erscheinen der Augensumme 10?

Diese Aufgabe, eine der ersten aus der Wahrscheinlichkeitstheorie, wurde Galilei von Liebhabern des Würfelspiels gestellt. Galilei hat sie richtig gelöst.

In dem italienischen Städtchen Arcetri, unweit einer modernen Sternwarte, zeigt man den Touristen den Weg, auf dem der blinde 77jährige Gefangene der Inquisition Galileo Galilei innerhalb streng bezeichneter Grenzen gehen durfte. Ebenso streng wurde auch die Bewegung des wissenschaftlichen Denkens begrenzt. Die Naturwissenschaft mußte zu dieser Zeit auf ihrem Weg das scholastische Weltmodell und den Widerstand der konservativen Traditionen überwinden. Selbst eine so geniale Erfindung des menschlichen Geistes wie das indische dekadische Positionssystem, welches in Europa durch arabische Gelehrte und Kaufleute bekannt wurde und deshalb oft arabisch genannt wird, nahm man zunächst mit großem Mißtrauen auf. Zum Beispiel wurde ein Diskontbuch aus dem Jahre 1494 folgendermaßen charakterisiert: »Die Aufzeichnungen waren in akkurater Rundschrift, ohne Großbuchstaben, ohne Punkte und Kommas ausgeführt, mit römischen und keineswegs mit arabischen Ziffern, welche als eine leichtsinnige, für Geschäftsbücher ungehörige Neuerung betrachtet wurden.«

Die Richtung und das Tempo der Wissenschaftsentwicklung werden jedoch zu allen Zeiten hauptsächlich von den Erfordernissen der Praxis bestimmt. Luca Pacioli widmete seine »Summa de Arithmetica, Geometria, Proportioni e Proportionalità« all denen, die in der Lage sind, die mathematische Wissenschaft mit Verstand in Theorie und Praxis anzuwenden. Die logisch-mathematische Methode wurde zur Hauptmethode bei der Erkenntnis des Baus des Weltalls, des Sonnensystems und der Erde. Die Aufmerksamkeit der Wissenschaftler richtete sich auf die Idee der Stetigkeit von Raum und Zeit sowie auf die Relativität jedes dieser Begriffe. Gleichzeitig arbeiteten sie an der Lösung konkreter praktischer Probleme. Tartaglia unterrichtete Arithmetik für den Handel und beschäftigte sich mit ballistischen Forschungen, insbesondere arbeitete er die Lehre vom optimalen Anstellwinkel eines Kanonenrohrs aus und untersuchte die Flugbahnen der Geschosse bei verschiedenen Anstellwinkeln. Im Prozeß der Lösung verschiedener mathematischer Aufgaben tauchten neue Fragen auf, die oft Anlaß zur Ausarbeitung neuer tiefgründiger mathematischer Theorien waren. Obwohl orthodoxe Vertreter der Kirche die Mathematik verdammten und sie zu kompromittieren suchten, behielten die Schöpfer dieser Wissenschaft, die Wegbereiter des Neuen, doch das letzte Wort.

Schon zu dieser Zeit wurde der Wert der Mathematik als besonderes Gebiet der menschlichen Kultur verstanden. »Gold wird mit Feuer und die Begabung mit der Mathematik geprüft«, erklärte Luca Pacioli. Galileo Galilei sah in der Mathematik die Sprache, in der die Naturgesetze geschrieben sind.

Die Wissenschaft Westeuropas konnte sich unter günstigen Bedingungen entwickeln, da das alte Rußland die gesamte Schlagkraft des mongolisch-tatarischen Überfalls auffing und durch seinen heldenhaften Kampf wie ein Schild Westeuropa vor diesem Schrecken bewahrte. Rußland selbst brachte gewaltige Opfer. A. S. Puschkin schrieb: »Die Tataren sind mit den Mauren nicht zu vergleichen. Als sie Rußland eroberten, schenkten sie ihm weder die Algebra noch den Aristoteles.« Während des Tochtamyschewer Pogroms wurde z. B. in Moskau eine riesige Menge Bücher vernichtet, die speziell dafür aus der ganzen Stadt und den umliegenden Dörfern in eine Kirche gebracht wurden. Alle Versuche der Moskauer, die Kulturschätze zu retten, waren vergeblich. Unter diesen Bedingungen begann sich die Mathematik erst nach dem 14. Jh. auf russischem Boden zu entwickeln, als das vom tatarischen Joch befreite Rußland neue Verbindungen zu Westeuropa aufnahm. In dieser Zeit begannen in Rußland handschriftliche Werke zu erscheinen, und es entstand eine russische mathematische Terminologie.

Lösungen

128. • $x^4+2x^3+2x^2+x^2+2x+1=81\,601,$

$$(x^2+x+1)^2=81\,601, \quad x^2+x+1-\sqrt{81\,601}=0,$$

$$x=-\frac{1}{2}\pm\sqrt{\frac{1}{4}-1+\sqrt{81\,601}}$$

$$=-\frac{1}{2}\pm\sqrt{\sqrt{81\,601}-\frac{3}{4}}.$$

129. •

$$\frac{\sqrt{10}}{\sqrt{6}+\sqrt{7}+\sqrt{8}}=\frac{\sqrt{10}\,(\sqrt{6}+\sqrt{7}-\sqrt{8})}{(\sqrt{6}+\sqrt{7})^2-8}$$

$$=\frac{\sqrt{10}\,(\sqrt{6}+\sqrt{7}-\sqrt{8})}{\sqrt{168}+5}=\frac{\sqrt{10}\,(\sqrt{6}+\sqrt{7}-\sqrt{8})\,(\sqrt{168}-5)}{143}$$

130. • Es sei $|AF|=6$ und $|FC|=8$, $|BD|=|BE|=x$ (Bild 39). Dann ist $|AD|=6$ und $|EC|=8$.

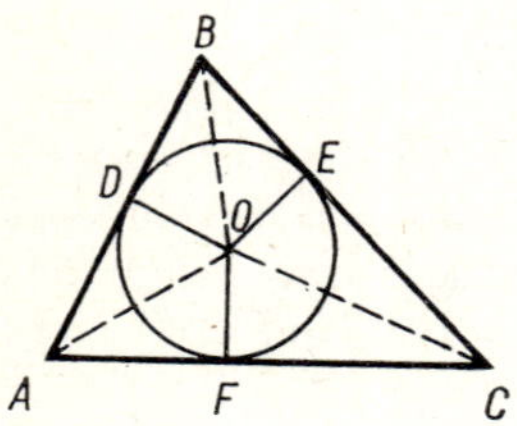

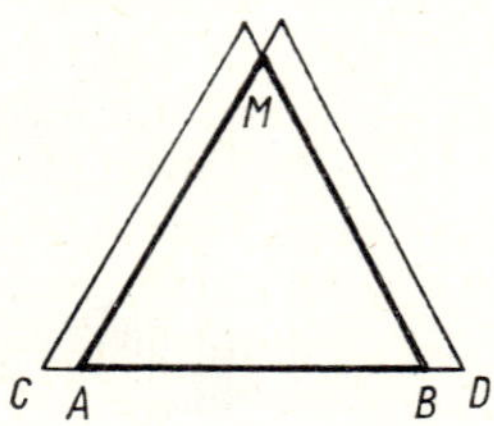

Bild 39

Bild 40

$$S_{\triangle ABC}=S_{\triangle AOC}+S_{\triangle AOB}+S_{\triangle BOC}$$

$$=\frac{1}{2}[14\cdot 4+(6+x)\cdot 4+(8+x)\cdot 4]=56+4x.$$

Der Umfang beträgt $2p=2x+12+16$, $p=x+14$, deshalb gilt $S_{\triangle ABC}=\sqrt{(x+14)\cdot x\cdot 6\cdot 8}$, und $(14+x)^2=3x\,(x+14)$ $14+x=3x$, $x=7$.

▾ $|AB|=13$, $|BC|=15$

131. • Es seien die Längen der Dreiecksseiten $x-1$, x, $x+1$, dann beträgt sein Umfang $3x$. Aus der Heronischen Formel erhalten wir:

$$84 = \sqrt{\frac{3}{2}x \cdot \frac{1}{2}x\left(\frac{x}{2}+1\right)\left(\frac{x}{2}-1\right)}$$

$$= \sqrt{\frac{3x^2(x+2)(x-2)}{16}};$$

$$84 = \frac{x}{4}\sqrt{3(x^2-4)}; \quad 336 \cdot 112 = x^4 - 4x^2,$$

$$x^4 - 4x^2 - 336 \cdot 112 = 0.$$

Wir setzen $x^2 = z$, dann gilt $z^2 - 4z - 336 \cdot 112 = 0$; $z_{1,2} = 2 \pm 2\sqrt{1 + 336 \cdot 28} = 2 \pm 194$. Der Aufgabenstellung genügt die Lösung $z = 2 + 194$; $x = 14$. Die Längen der Dreiecksseiten betragen 13, 14 und 15 Einheiten.

134. ▾ $x = 4(1 + \sqrt{2})$

135. ● Vom Punkt $A \in \overline{AB}$ aus zeichnen wir mit der gegebenen Zirkelspanne den Schnittpunkt D, und vom Punkt B aus zeichnen wir mit derselben Spanne auf der anderen Seite den Schnittpunkt C. Wir errichten auf $\overline{AD}$ und $\overline{BC}$ gleichseitige Dreiecke (Bild 40). Der Punkt M ist der dritte Eckpunkt des gleichseitigen $\triangle AMB$.

136. ● Das Öl kann man durch mehrmaliges Umschütten teilen. In der ersten Zeile der Tabelle sind das jeweilige Fassungsvermögen der Gefäße und in den nächsten die Menge des Öles angegeben, welches in diese zu füllen ist:

24	13	11	5
24	0	0	0
0	8	11	5
16	0	8	0
3	13	8	0
3	8	8	5
8	8	8	0

137. ● Durch Hinzufügen von $3x^2$ zu beiden Seiten erhalten wir:

$$16x^2 = x^4 + 2x^3 + 2x^2 + x^2 + 2x + 1;$$

$$16x^2 = (x^2 + x + 1)^2; \quad 4x = \pm(x^2 + x + 1);$$

$$x_{1,2} = \frac{3 \pm \sqrt{5}}{2}; \quad x_{3,4} = \frac{-5 \pm \sqrt{21}}{2}.$$

138. ● Die Aufgabe führt auf die Auflösung der Gleichung $x^2 - 10x + 40 = 0$, welche die komplexen Lösungen $x_{1,2} = 5 \pm \sqrt{-15} = 5 \pm \sqrt{15}i$ besitzt.

Da zu Zeiten CARDANOS die Natur der imaginären Zahlen noch nicht geklärt war, wurde die Aufgabe als unlösbar angesehen.

140. ● $x^3 - 4x^2 + 4x^2 - 16x + x - 4 = 0$, $x^2(x - 4) + 4x(x - 4) + (x - 4) = 0$, $(x - 4)(x^2 + 4x + 1) = 0$, $x_1 = 4$, $x_{2,3} = -2 \pm \sqrt{3}$.

141. ● $$\cos\frac{\alpha}{2}\cdot\cos\frac{\alpha}{4}\cdot\cos\frac{\alpha}{8}\ldots\cos\frac{\alpha}{2^n}\ldots = \frac{1}{\alpha}\sin\alpha\,;$$

$$\alpha = \frac{\sin\alpha}{\cos\frac{\alpha}{2}\cdot\cos\frac{\alpha}{4}\cdot\cos\frac{\alpha}{8}\ldots\cos\frac{\alpha}{2^n}\ldots}.$$

Es sei $\alpha = \frac{\pi}{2}$, dann ist $\sin\alpha = 1$, $\cos\frac{\alpha}{2} = \sqrt{\frac{1}{2}}$. Unter Verwendung der Formel $\cos\frac{\alpha}{2} = \sqrt{\frac{1}{2} + \frac{1}{2}\cos\alpha}$ erhalten wir die VIETAsche Formel. Sie war die erste Darstellung der Zahl π durch ein unendliches Produkt.

142. ● Es sei $x = a$. Dann gilt $a^3 - (a + b + c)a^2 + (ab + ac + bc)a = a^3 - a^3 - a^2b - a^2c + a^2b + a^2c + abc = abc$. Wir erhalten die Identität $abc = abc$.

143. ● Wir setzen $y^3 = z$ und erhalten $z^2 + 2b^3z - a^6 = 0$, $z_{1,2} = -b^3 \pm \sqrt{a^6 + b^6}$. Die Aufgabe führt auf die Lösung zweier kubischer Gleichungen $y^3 = z_1$ und $y^3 = z_2$.

144. ● $x^3 - 4x^2 + 4x^2 - 16x + 10x - 40 = 0$, $x^2(x - 4) + 4x(x - 4) + 10(x - 4) = 0$, $x_1 = 4$, $x^2 + 4x + 10 = 0$, $x_{2,3} = -2 \pm i\sqrt{6}$.

145. ● Beim gleichzeitigen Werfen von drei Würfeln gibt es $6 \cdot 6 \cdot 6 = 216$ Varianten, eine Augensumme von 3 bis 18 zu erhalten [(1, 1, 1), . . ., (6, 6, 6)]. In 27 Fällen können 10 Augen fallen, in 25 Fällen 9 Augen. Deshalb ist die Wahrscheinlichkeit des Fallens von 10 Augen gleich $\frac{27}{216} = 0{,}125$, die Wahrscheinlichkeit des Fallens von 9 Augen $\frac{25}{216} = 0{,}116$.

Europa während der Zeit der wissenschaftlichen Revolution und der Aufklärung

Das 17. und 18. Jh. war das Zeitalter der technischen und wissenschaftlichen Revolution, die bereits im 16. Jh. begonnen hatte. Die Mathematiker der Neuzeit waren in noch stärkerem Maße als in der Renaissance gleichzeitig Astronomen, Physiker, Mechaniker und Philosophen. Die Mechanik der irdischen und kosmischen Bewegungen rückte die Untersuchung der Beziehungen zwischen den bewegenden Kräften, Beschleunigungen, Geschwindigkeiten und Bewegungsbahnen in den Mittelpunkt der Aufmerksamkeit.

Die neuen Aufgaben erforderten die Schaffung neuer mathematischer Methoden. Als der deutsche Mathematiker Johannes Kepler (27. 12. 1571—15. 11. 1630) das zweite der nach ihm benannten Bewegungsgesetze der Planeten überprüfte, mußte er ein neues Problem bewältigen, die Berechnung der Fläche eines elliptischen Sektors; 1615 veröffentlichte er die »Neue Raummeßkunst der Weinfässer«, in der er die entdeckte Methode zur Berechnung geometrischer Größen auf die Bestimmung von Oberflächen und Volumina von 92 verschiedenen Rotationskörpern anwandte, die er nach der äußeren Erscheinung Äpfel, Zitronen, Kirschen, türkische Turbane usw. nannte.

Der italienische Mathematiker Bonaventura Cavalieri (1598 bis 3. 12. 1647) entwickelte zur Berechnung von Bogenlängen, Flächen und Volumina die Methode der Indivisibeln, die bei seinen Zeitgenossen Bewunderung hervorrief.

Die komplizierten Aufgaben der Mechanik und Astronomie waren mit den Methoden der Mathematik konstanter Größen nicht zu lösen. Als Antwort auf die Forderungen der Zeit führte der französiche Mathematiker und Philosoph René Descartes (Cartesius) die variablen Größen in die Mathematik ein. Die Entdeckung Descartes' war von großer Bedeutung für die weitere Entwicklung der Mathematik und ihrer Anwendungen.

Die Idee der Variablen und die Verwendung geradliniger (kartesischer) Koordinaten legte Descartes einer neuen mathematischen Disziplin, der analytischen Geometrie, zugrunde.

René DESCARTES. Der aus Frankreich stammende, in den Niederlanden und Schweden wirkende Philosoph, Mathematiker und Naturforscher spielte eine herausragende Rolle bei der Herausbildung modernen wissenschaftlichen Denkens.

Mitbegründer dieses mathematischen Gebietes war ein Amateurmathematiker, der französische Jurist Pierre de FERMAT (1601 bis 12. 1. 1665), der auch zahlreiche andere wichtige Entdeckungen machte.

Im 17. Jh. weitete sich das Feld mathematischer Forschung beträchtlich aus. Schon bestehende Disziplinen wurden ausgebaut, es entstand eine ganze Reihe neuer Gebiete der höheren Mathematik.

Von den vielfältigen Problemen, an denen die Mathematiker des 17. Jh. arbeiteten, erwiesen sich die Aufgaben zur Anlegung einer Tangente an eine Kurve, zur Längenmessung von Linien, zur Flächen- und Volumenberechnung als besonders anregend. Die Inangriffnahme dieser Probleme führte in den 60er und 70er Jahren des 17. Jh. zu einer der hervorragendsten Entdeckungen aller Zeiten, zur Herausbildung einer neuen mathematischen Theorie – der Differential- und Integralrechnung. Sie wurde von dem englischen Mathematiker und Physiker Isaac NEWTON (4. 1. 1643—31. 3. 1727) und dem deutschen Universalgelehrten Gottfried Wilhelm LEIBNIZ (1. 7. 1646—14. 11. 1716) geschaffen. Dabei spielten das antike Erbe und der von DESCARTES eingeführte Begriff der Variablen eine große Rolle. Friedrich ENGELS schrieb dazu: »Der Wendepunkt in der Mathematik war Descartes' *variable Größe*. Damit ist die *Bewegung* und *damit die Dialektik* in der Mathematik, und *damit auch sofort mit Notwendigkeit die Differential- und Integralrechnung,* die auch sofort anfängt und durch NEWTON und LEIBNIZ im ganzen und großen vollendet, nicht erfunden.«[1]

In den Mittelpunkt der mathematischen Forschung des 17. Jh. rückte die Analyse unendlich kleiner Größen, d. h. die Differential- und Integralrechnung. Gleichzeitig wurden aber auch andere Gebiete der höheren Mathematik begründet, die sich dann schnell entwickelten. Breite Anwendung in verschiedenen Bereichen der Mathematik und der mathematischen Naturwissenschaften fand die analytische Geometrie. In den Werken der genialen französischen Gelehrten Blaise PASCAL (19. 6. 1623 bis 19. 8. 1662) und Pierre de FERMAT sowie in den Arbeiten des in Frankreich lebenden Holländers Christian HUYGENS (14. 4. 1629 bis 8. 7. 1695) wurden die theoretischen Grundlagen der Wissenschaft von den Gesetzmäßigkeiten zufälliger Massenerscheinun-

[1] ENGELS, F.: Dialektik der Natur. – In: Marx/Engels-Werke. Band 20, S. 522. – Berlin, 1962

gen, d. h. die Wahrscheinlichkeitstheorie, geschaffen. Dabei ergaben sich wichtige mathematische Entdeckungen im Ergebnis der mathematischen Analyse verschiedener Spiele. LEIBNIZ z. B. schätzte die Rolle der Glücksspiele in der Geschichte der Mathematik hoch ein.

Die Abhandlung PASCALS »Untersuchung über die Kegelschnitte« bestand aus 53 Zeilen und wurde in 50 Exemplaren herausgegeben, enthielt aber eine echte Perle der Mathematik – den berühmten PASCALschen Satz, eine fundamentale Beziehung der projektiven Geometrie, einer neuen geometrischen Disziplin.

Die Herausbildung der kapitalistischen Gesellschaftsordnung im 18. Jh. bedingte die Umwälzung der sozialen und wissenschaftlichen Konzeptionen. Das Entwicklungstempo der Wissenschaft nahm schnell zu. Die Seefahrt, der Schiffbau, die Wärmetechnik und die Hydroenergetik stellten der Wissenschaft immer kompliziertere Aufgaben zur Erforschung der elektromagnetischen Erscheinungen und der Wärme, zur Bestimmung der Örter von Sonne, Mond und Sternen. Bedeutsame Probleme wurden die genaue Zeitbestimmung sowie die Abbildung der Kugelfläche auf eine Ebene (Herstellung von geographischen Karten).

Es festigte sich die Überzeugung, daß die wichtigsten Gesetzmäßigkeiten der Natur durch Differentialgleichungen beschrieben werden und daß deren Auflösung deshalb eine universelle Erkenntnismethode darstellt. Das zentrale Problem der Algebra wurde die Auflösung algebraischer Gleichungen und die Darstellung der Lösungen solcher Gleichungen durch Kombinationen von Wurzeln.

Das Rechnen wurde durch Logarithmen- und Zahlentafeln erleichtert. PASCAL, LEIBNIZ und der deutsche Mathematiker SCHICKARDT (1592—1635) bauten die ersten Rechenmaschinen.

In das 18. Jh. fällt die Tätigkeit vieler hervorragender Gelehrter. Eine beispiellose Erscheinung in der Wissenschaftsgeschichte ist das Werk des genialen Leonhard EULER (15. 4. 1707—18. 9. 1783), der den größten Teil seines Lebens in Rußland lebte und arbeitete. Er war Mitglied der Petersburger Akademie und verfaßte mehr als 850 wissenschaftliche Arbeiten, darunter etwa 20 Monographien, einige in zwei oder drei Bänden.

Aufgaben

JOHANNES KEPLER
(27. 12. 1571–15. 11. 1630)

146. Man löse die Gleichung: $5x - 5x^3 + x^5 = 0$.

CLAUDE GASPARD BACHET DE MÉZIRIAC
(9. 10. 1587–25. 2. 1638)

147. Eine Kompanie Soldaten soll an das andere Flußufer übersetzen, die Brücke ist jedoch zerstört, und eine Furt gibt es nicht. Am Ufer spielen zwei Jungen in einem Boot. Mit diesem Boot können nicht mehr als ein Erwachsener oder zwei Kinder übersetzen. Wie setzt die Kompanie mit diesem Boot an das andere Flußufer über?

Im 17. Jh. tat man, wie bereits in der Renaissance, viel für die Übertragung des antiken Erbes in die europäischen Sprachen und für die Popularisierung des mathematischen Wissens. Der französische Mathematiker und Dichter Claude Gaspard BACHET de Méziriac veröffentlichte 1616 das Buch »Lustige und ergötzliche Aufgaben auf der Grundlage der Mathematik«. Es wurde in viele Sprachen übersetzt, die russische Ausgabe erschien 1877. 1621 veröffentlichte BACHET die »Arithmetica« des DIOPHANT in Griechisch und Latein.

148. BACHET stellte seinen Lesern folgende Aufgabe: »Denkt euch vier einstellige Zahlen. Multipliziert die erste mit 2 und addiert 5, multipliziert die Summe mit 5, addiert 10 sowie die zweite Zahl, multipliziert die erhaltene Summe mit 10 und addiert die dritte Zahl, multipliziert das neue Ergebnis mit 10 und addiert die vierte Zahl. Zieht von der erhaltenen Zahl 3500 ab. Die Differenz ist eine vierstellige Zahl aus den gedachten Ziffern.«

Hinweis: Die gedachten Zahlen seien a, b, c, d. Das Kunststück basiert auf der Gleichung $\{[(2a + 5)\,5 + 10 + b]\,10 + c\}\,10 + d - 3500 = 1000a + 100b + 10c + d$.

René Descartes
(31. 3. 1596–11. 2. 1630)

149. Man löse die Gleichungen: a) $y^3 - 8y^2 - y + 8 = 0$, b) $x^4 - 4x^3 - 19x^2 + 106x - 120 = 0$.

Pierre de Fermat
(1601–12. 1. 1665)

150. Wenn S die Summe der unendlichen geometrischen Reihe (a_n) ist, so gilt $S : (S - a_1) = a_1 : a_2$.

151. Im spitzwinkligen $\triangle ABC$ ist der Punkt P zu finden, für den die Summe seiner Abstände zu den Eckpunkten A, B, C ein Minimum ist.

152. Für beliebige $n (n \in N)$ gilt die Gleichung

$$5(1^4 + 2^4 + 3^4 + \dots + n^4) = (4n + 2)\left(\frac{n(n+1)}{2}\right)^2 - (1^2 + 2^2 + 3^2 + \dots + u^2)$$

153. *Kleiner Fermatscher Satz:* Wenn p eine Primzahl und a eine durch p nicht teilbare Zahl ist, so ist $a^{p-1} - 1$ durch p teilbar. Man beweise eine Variante des kleinen Fermatschen Satzes: Wenn p eine Primzahl ist, so ist $a^p - a$ für ein beliebiges ganzes a durch p teilbar.

Für p/a ist die Fermatsche Behauptung trivial. Der kleine Fermatsche Satz wurde von Fermat in einem Brief dem französischen Mathematiker F. de Bessie (1605—1675) ohne Beweis mitgeteilt. Fermat selbst war von der entdeckten Gesetzmäßigkeit sehr beeindruckt; er schrieb: »Ich wurde von einem hellen Licht erleuchtet.«

John Wallis
(23. 11. 1616–28. 10. 1703)

154. Offensichtlich ist $\frac{1}{n+1} < \frac{1}{n}$, deshalb gilt ...

$\frac{1}{3} < \frac{1}{2} < \frac{1}{1} < \frac{1}{0} < \frac{1}{-1} < \frac{1}{-2} < \frac{1}{-3} < \ldots$ Hieraus folgt $\frac{1}{0} < \frac{1}{-1}$ oder $\infty < -1$.

Hinweis: Die Ungleichung $\frac{1}{n+1} < \frac{1}{n}$ gilt nur für $n \in N$. WALLIS verallgemeinerte diese Eigenschaft unzulässigerweise auf alle ganzen Zahlen, was zu dem paradoxen Ergebnis $\infty < -1$ führte.

BLAISE PASCAL
(19. 6. 1623–19. 8. 1662)

155. *Allgemeine Teilbarkeitsregel:* Die natürliche Zahl a, die in einem Positionssystem mit der Basis p ($p \in N$; $p \geqq 2$) gegeben sei, ist genau dann durch die Zahl b teilbar, wenn $\sum_{i=0}^{n} a_i r_i$ durch b teilbar ist. Dabei sind die a_i die Ziffern von a in dem gegebenen Positionssystem und die r_i die Reste der Stellenwerte $1, p, p^2, \ldots, p^n$ bei Division durch b.

156. *Pascalscher Satz:* Wenn alle sechs Eckpunkte eines Sechsecks $ABCDEF$ auf einem Kreis liegen und sich drei Paare gegenüberliegender Seiten schneiden, so sind die drei Schnittpunkte der Paare gegenüberliegender Seiten kollinear (Bild 41).

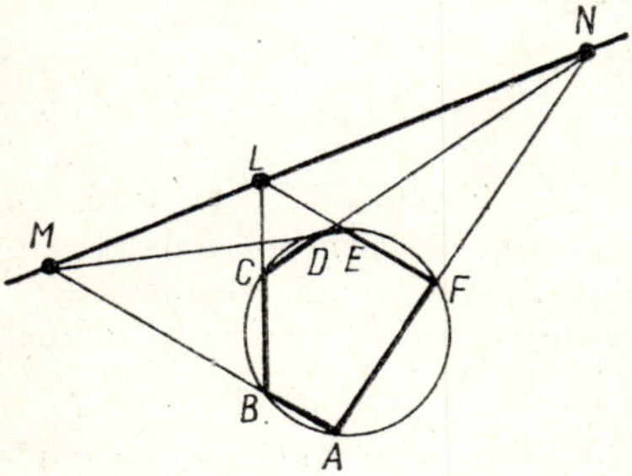

Bild 41

Der PASCALsche Satz ist einer der fundamentalen Sätze der projektiven Geometrie, eines wichtigen Gebietes der höheren Geometrie, das die Eigenschaften von Figuren untersucht, die invariant bezüglich aller projektiven Transformationen der Ebenen (bzw. des Raumes) in sich selbst sind. PASCAL stellte diesen Satz auf, als er 16 Jahre alt war.

157. Als Pascalsches Dreieck wird die folgende unendliche Zahlentafel bezeichnet. Sie enthält die verschiedenartigsten numerischen Beziehungen.

1
1 1
1 2 1
1 3 3 1
1 4 6 4 1
1 5 10 10 5 1
1 6 15 20 15 6 1
1 7 21 35 35 21 7 1
1 8 28 56 70 56 28 8 1
1 9 36 84 126 126 84 36 9 1
1 10 45 120 210 252 210 120 45 10 1
. . .

1. Man stelle eine Formel für die Summe der Zahlen in jeder waagerechten Reihe des Pascalschen Dreiecks auf.

2. Wie groß wird diese Summe, wenn die Zahlen alternierend mit einem Minuszeichen versehen werden?

3. Als Schrägreihen des Pascalschen Dreiecks wollen wir die Zahlenfolgen 1, 3, 6, 10, 15, 21, . . .; 1, 4, 10, 20, 35, . . . usw. bezeichnen. Wie kann in dem Dreieck die Summe von m Gliedern der n-ten Schrägreihe gefunden werden?

4. Gesucht sind im Pascalschen Dreieck die Fibonaccische Zahlenfolge (s. Aufgabe 116), die Zahlenfolge der Art $\frac{n(n+1)}{2}$ (Dreieckszahlen), die Zahlenfolge $\frac{n(n+1)(n+2)}{2}$ (Pyramidalzahlen).

Pascal nannte diese Zahlentafel arithmetisches Dreieck. In Westeuropa wurde sie erstmals 1527 in den Lehrbüchern der Arithmetik von Apianus veröffentlicht. Tartaglia gab ebenfalls eine Tafel von Binomialkoeffizienten heraus, die er als seine Erfindung bezeichnete.

158. Der Chevalier de Méré wollte durch Würfelspiel reich werden. Er ging die Wette ein, daß wenigstens einmal die Zahl 6 fällt, wenn er viermal einen Würfel rollen läßt. Falls dies nicht eintrifft (wenn die 6 bei vier Würfen nicht einmal fällt), gewinnt der Gegner. Zur Sicherheit wandte sich de Méré an Pascal, damit dieser die Wahrscheinlichkeit eines Gewinns berechne. Was ergaben die Berechnungen?

159. Zwei geschickte Spieler führen ein Spiel durch, das kein Unentschieden zuläßt. Sie gaben gleiche Einsätze und verabredeten, daß der, welcher zuerst 10 Runden gewinnt, alles Geld erhält. Das Spiel wurde bei dem Stand 9 : 8 unterbrochen und konnte nicht fortgesetzt werden. Wie hatten sie das Geld zu teilen?

Christian Huygens
(14. 4. 1629–8. 7. 1695)

160. Wenn in ein Kreissegment, das kleiner als ein Halbkreis ist, das größte Dreieck einbeschrieben und auf gleiche Weise den beiden übrigen Segmenten je ein Dreieck einbeschrieben wird, so ist die Fläche des ersten Dreiecks kleiner als die vierfache Fläche der beiden anderen Dreiecke zusammen.

161. Es sei ein Kreissegment gegeben, das kleiner als ein Halbkreis ist, und ein Dreieck AEC, dessen Grundlinie mit der Sehne des Segments zusammenfällt und dessen Seiten Tangenten an den Segmentbogen sind (Bild 42). Dann teilt die an die Mitte des Segmentbogens gelegte Tangente von dem gegebenen Dreieck ein neues Dreieck ab, dessen Fläche größer als die halbe Fläche des größten, dem Segment einbeschriebenen Dreiecks ist.

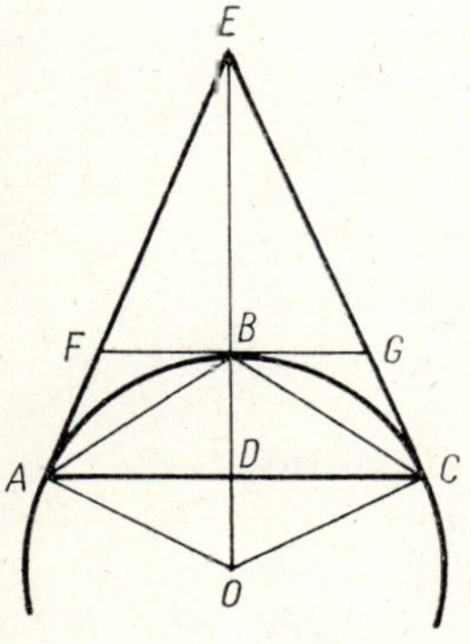

Bild 42

ADAM ADAMOWITSCH KOCHANSKI (ADAMANDUS) (5. 8. 1631–19. 5. 1700)

162. Alle Konstruktionen mit dem Zirkel sollen mit einer Zirkelspanne von $|r| = 1$ durchgeführt werden. Wir konstruieren den Kreis $(O, |OA|)$ $|OA| = |r|$ und die Tangente an ihn im Punkt C (Bild 43). Vom Punkt C aus zeichnen wir einen Bogen, der den Kreis im Punkt D schneidet, und vom Punkt D sowie vom Mittelpunkt aus einen Bogen, der den ersten Bogen in den Punkten O und E schneidet. Wir zeichnen $\overline{OE}$, welche die Tangente im Punkt F schneidet. Wir konstruieren $\overline{FB}$ so, daß $|FB| = 3|r|$. Dann ist $|AB| \approx \pi$.

Der polnische Mathematiker A.A. KOCHANSKI trug den Titel eines königlichen Mathematikers.

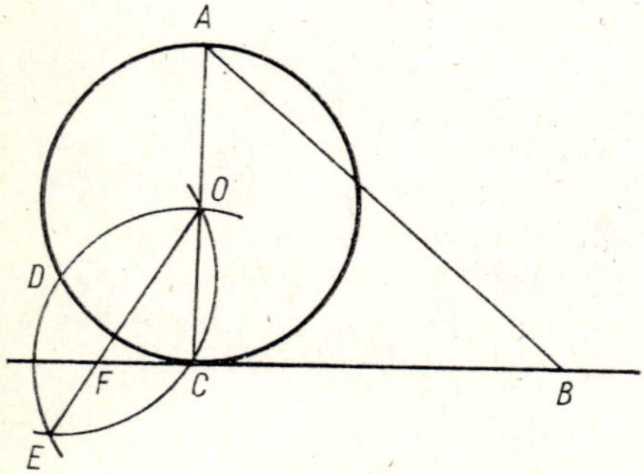

Bild 43

JAQUES OZANAM (1640–3. 4. 1717)

163. Sieben Freunde wollten zu Mittag speisen, aber unter ihnen entstand ein Streit, wer neben wem sitzen sollte. Einer der Anwesenden schlug vor, daß sich alle nach Belieben an den Tisch setzen, aber mit der Bedingung, auch an den folgenden Tagen zusammen zu speisen und sich dabei jedesmal anders zu setzen, bis alle möglichen Kombinationen erschöpft wären. Wie oft müssen die Freunde gemeinsam zu Mittag essen, um alle Kombinationen auszuschöpfen?

Jaques Ozanam war ein französischer Schriftsteller, Lehrer der Mathematik und Mitglied der Pariser Akademie. Er schrieb Lehrbücher der Mathematik und die Sammlung »Mathematische und physikalische Unterhaltungen« (1696), deren Aufgaben von vielen späteren Autoren verwendet wurden.

Isaac Newton
(4. 1. 1643–21. 3. 1727)

164. Drei Wiesen, die mit Gras gleicher Dichte bedeckt sind, das mit gleicher Geschwindigkeit wächst, besitzen die Flächen $3\frac{1}{3}$, 10 und 24 ha. Auf den Wiesen weiden Rinder und fressen das Gras, das während des Abweidens nachwächst. Auf der ersten Wiese konnten 12 Rinder 4 Wochen lang weiden, auf der zweiten 24 Rinder 9 Wochen. Wie viele Rinder kann man auf die dritte Wiese lassen, damit diese sämtliches Gras in 18 Wochen fressen?

165. Durch den gegebenen Punkt P ist BC so zu legen, daß $\overline{PB}$ und $\overline{PC}$, die von den gegebenen Strahlen AM und AN begrenzt werden, in einem gegebenen Verhältnis stehen, d. h.: $|PB| : |PC| = m : n$, wobei $m \in R$, $n \in R$ (Bild 44).

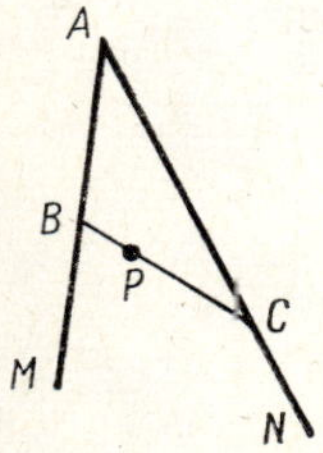

Bild 44

166. Wenn einem Viereck ein Kreis einbeschrieben wird, so liegt der Mittelpunkt dieses Kreises auf der Geraden, welche die Mittelpunkte der Diagonalen des Vierecks verbindet.

167. Zwei Postboten A und B, zwischen denen 59 Meilen liegen, fahren am Morgen aufeinander zu. Postbote A legt in 2 Stunden 7 Meilen zurück, B in 3 Stunden 8 Meilen; dabei begibt sich B eine Stunde später als A auf die Reise. Wieviel Meilen legt A bis zum Treffen mit B zurück?

Gottfried Wilhelm Leibniz
(1. 7. 1646–14. 11. 1716)

168. Aus der bekannten Leibnizschen Reihe $\frac{\pi}{8} = \frac{1}{1} - \frac{1}{3} + \frac{1}{5} - \frac{1}{7} + \ldots$ ist eine Reihe für die Zahl $\frac{\pi}{8}$ zu finden.

169. Man zeige, daß $\sqrt{1 + \sqrt{-3}} + \sqrt{1 - \sqrt{-3}} = \sqrt{6}$.

170. Die Summe der Quadrate der Entfernungen eines willkürlichen Punktes P von den Eckpunkten eines Dreiecks ist gleich der Summe der Quadrate der Entfernungen von den Eckpunkten bis zum Schwerpunkt des Dreiecks plus dem dreifachen Quadrat der Entfernung vom Schwerpunkt zum Punkt P.

171. Eine kaum bekannte Zahlenkonfiguration, das Leibnizsche harmonische Dreieck, besitzt wie das Pascalsche Dreieck (s. Aufgabe 157) viele interessante Eigenschaften; einige sind »analog im reziproken Sinne« zu den Eigenschaften des Pascalschen Dreiecks.

$$
\begin{array}{ccccccccc}
 & & & & 1 & & & & \\
 & & & \frac{1}{2} & & \frac{1}{2} & & & \\
 & & \frac{1}{3} & & \frac{1}{6} & & \frac{1}{3} & & \\
 & \frac{1}{4} & & \frac{1}{12} & & \frac{1}{12} & & \frac{1}{4} & \\
\frac{1}{5} & & \frac{1}{20} & & \frac{1}{30} & & \frac{1}{20} & & \frac{1}{5}
\end{array}
$$

1. Gesucht ist die Beziehung zwischen den entsprechenden Zahlen des Pascalschen und des Leibnizschen Dreiecks. Man beweise diese Beziehung.

2. Man beweise, daß $\frac{1}{1} = \frac{1}{2} + \frac{1}{6} + \frac{1}{12} + \frac{1}{20} + \frac{1}{30} + \ldots$,
$\frac{1}{2} = \frac{1}{3} + \frac{1}{12} + \frac{1}{30} + \frac{1}{60} + \frac{1}{105} + \ldots$,
$\frac{1}{3} = \frac{1}{4} + \frac{1}{20} + \frac{1}{60} + \frac{1}{140} + \frac{1}{280} + \ldots$

Man stelle fest, wie im LEIBNIZschen Dreieck die Zahlen angeordnet werden, aus denen die Gleichungen gebildet sind und schreibe die Summen für $\frac{1}{4}$ und $\frac{1}{5}$ auf.

GIOVANNI CEVA
(1648–13. 12. 1734)

172. Es seien X, Y, Z drei Punkte, die auf den Seiten des $\triangle ABC$ liegen. Wenn sich AX, BY und CZ in einem Punkt P schneiden, der nicht auf einer Geraden durch zwei Ecken des Dreiecks liegt, so gilt

$$\frac{|BX|}{|XC|} \cdot \frac{|CY|}{|YA|} \cdot \frac{|AZ|}{|ZB|} = 1 .$$

Die Strecken, welche die Eckpunkte des Dreiecks mit einem Punkt auf der gegenüberliegenden Seite dieses Dreiecks verbinden, heißen CEVAsche Transversalen (Ecktransversalen).

GUIDO GRANDI
(1. 10. 1671–4. 7. 1742)

173. Es sei $1 - 1 + 1 - 1 + \ldots = S$, dann gilt $S - 1 = -1 + 1 - 1 + \ldots$ oder $S - 1 = -S$. Hieraus folgt $S = \frac{1}{2}$. Die gesuchte Summe kann berechnet werden, indem die Glieder der Reihe paarweise gruppiert werden: $(1 - 1) + (1 - 1) + \ldots = S$, woraus folgt $S = 0$, oder $\frac{1}{2} = 0$, oder $1 = 0$. Folglich ist jede natürliche Zahl gleich Null.

GRANDI beging zwei Fehler. Die betrachtete Reihe ist divergent, d. h., sie besitzt keine Summe. Außerdem wandte GRANDI bei der Berechnung der nichtexistenten Summe das Assoziativgesetz an, das nur für endliche Summen oder konvergente Reihen angewendet werden darf. Das gefundene Ergebnis $0 = 1$ deutete GRANDI als Symbol der Erschaffung der Welt durch Gott aus dem Nichts. Dies rief eine lebhafte Diskussion hervor, an der neben GRANDI LEIBNIZ, Nicolaus BERNOULLI und andere Gelehrte teilnahmen; in diesen Diskussionen wurden auch die Begriffe der Summe einer unendlichen Zahlenreihe, der Konvergenz und Divergenz von Zahlenreihen u. ä. genauer bestimmt.

Laurent Pothenot
(1660–31. 8. 1732)

174. Gesucht ist der Punkt, von dem aus die Strecken $\overline{AB}$ und $\overline{BC}$, die von drei Punkten A, B, C gebildet werden, unter den Winkeln α und β zu sehen sind.

Die erste analytische Lösung der Aufgabe gab 1616 der holländische Astronom und Mathematiker W. Snellius (1580–1626) an. 1692 lieferte L. Pothenot eine vollkommenere Lösung der Aufgabe, die deshalb nach ihm benannt wurde. Die Aufgabe tritt bei der Ortsbestimmung eines Schiffes auf, von dem aus drei Leuchttürme mit bekannten Koordinaten zu sehen sind. Sie ist auch in der Geodäsie und Kartographie von Bedeutung.

George Louis Leclerc Buffon
(7. 9. 1707–16. 4. 1788)

175. In die Ebene ist ein System von parallelen Geraden gelegt, deren Abstände gleich einer Zündholzlänge sind. Wir werfen auf das Blatt Papier Zündhölzchen. Die Wahrscheinlichkeit dafür, daß ein geworfenes Zündholz eine der parallelen Geraden schneidet, beträgt $\frac{2}{\pi}$.

Leider war es nicht möglich, in der Auswahl der für den Leser geeigneten Aufgaben die mathematische Forschung dieser Periode richtig widerzuspiegeln. In einer dreibändigen sowjetischen Geschichte der Mathematik nimmt die Mathematikgeschichte des 17. Jh. ein Buch des stattlichen Umfangs von 300 Seiten ein; auf jeder dieser Seiten erhält man eine Vorstellung von den großen wissenschaftlichen Umbrüchen dieser Zeit. Eine wichtige Besonderheit dieser wissenschaftlichen Revolution war die Mathematisierung der Mechanik und nach ihr auch die der Physik.

Am Ende des 16. Jh. bestand die Mathematik aus Arithmetik, Algebra und Geometrie. Im 17. Jh. entstanden neue mathematische Disziplinen: analytische Geometrie, projektive Geometrie, Wahrscheinlichkeitstheorie und die Analysis unendlich kleiner Größen, eine hervorragende Entdeckung des 17. Jh., die ihrerseits die Keime für neue Disziplinen legte – die Theorie unendlicher Reihen, die Integration gewöhnlicher Differentialgleichungen und die Variationsrechnung. Gleichzeitig setzte man die Untersuchungen zur Algebra und Trigonometrie fort und schuf verschiedene Methoden für Näherungslösungen.

Im Verlaufe des 17. Jh. wurde die Mathematik durch eine größere Zahl neuer Begriffe und Methoden bereichert, als in allen fünfzehn Jahrhunderten davor.

Im 17. Jh. stellten die Wissenschaftler die These auf, daß jede algebraische Gleichung n-ten Grades n Lösungen besitzt, d. h., es wurde der Fundamentalsatz der Algebra formuliert. Dabei verwendete man bereits negative und imaginäre Lösungen algebraischer Gleichungen.

Einen großen Einfluß auf die weitere Entwicklung der Mathematik und der mathematischen Naturwissenschaften hatte die Ausarbeitung einer neuen Mathematik durch René DESCARTES, die er allgemeine Wissenschaft von den räumlichen Figuren, ihrer Verteilung und Messung nannte.

Große Aufmerksamkeit widmeten die Gelehrten den Rechenhilfsmitteln. Der schottische Baron John NEPER (1550—1617) entdeckte nicht später als 1594 die Logarithmen, veröffentlichte aber erst 1614 seine »Beschreibung einer Tafel wunderbarer Rechnungszahlen«. Der Schweizer Mechaniker und Uhrmacher Jost BÜRGI (1552—1632) entdeckte gleichfalls die Logarithmen. Der Professor eines der Londoner Colleges Henry BRIGGS (1561 bis 1631) berechnete unter Verwendung der Idee NEPERS dekadische Logarithmen.

Im Zusammenhang mit der Notwendigkeit der Durchführung einer großen Zahl komplizierter Berechnungen wurden auch andere Rechenhilfsmittel geschaffen – die russischen Rechenbretter, die NEPERschen Stäbchen und der logarithmische Rechenstab. Mit der Entwicklung der Maschinentechnik entstanden die mechanischen Rechenmaschinen SCHICKARDTS, PASCALS und LEIBNIZ'.

FERMAT gab der alten Wissenschaft von den Eigenschaften der Zahlen neues Leben. Während der Arbeit an den Abhandlungen antiker Autoren, vor allem der »Arithmetica« des DIOPHANT, verallgemeinerte er viele bereits bekannte Probleme und formulierte eine ganze Reihe tiefliegender Vermutungen und neuer Fragestellungen auf dem Gebiet der Zahlentheorie, die ein neues Zeitalter in der Geschichte dieses Zweiges der Mathematik einleiteten.

Pierre de FERMAT, PASCAL und HUYGENS lösten nicht nur

schwierige Aufgaben aus der Wahrscheinlichkeitstheorie, sondern prägten auch eine Reihe wichtiger Begriffe zur Beschreibung der Gesetzmäßigkeiten zufälliger Massenerscheinungen und stellten entsprechende Theoreme auf.

Der Schweizer Mathematiker Jacob BERNOULLI fand einen der fundamentalen Sätze der Wahrscheinlichkeitstheorie, das Gesetz der großen Zahlen.

Von all den zahlreichen wichtigen Entdeckungen auf den verschiedensten Gebieten der Mathematik war ohne Zweifel die Analysis unendlich kleiner Größen die bedeutendste. Seit den Zeiten des EUDOXUS von Knidos und des ARCHIMEDES arbeiteten hervorragende Mathematiker verschiedener Länder an der Schaffung einer effektiven Methode zur Berechnung von Flächen und Volumina krummlinig begrenzter Figuren sowie zur Anlegung von Tangenten an komplizierte Kurven. Mehr als 20 Jahrhunderte währte dieses Ringen, ehe NEWTON und LEIBNIZ das Problem endgültig bewältigten. Die Mathematik erreichte Höhen, von denen aus solche universellen Denker wie LEIBNIZ schon die Umrisse der Mathematik unserer Tage vorausahnen konnten.

Lösungen

146. ▾ $x_1 = 0, \quad x_{2,3,4,5} = \pm \sqrt{\frac{5 \pm \sqrt{5}}{2}}$

147. ● Die Jungen setzen an das andere Ufer über. Einer von ihnen verbleibt dort, der zweite kehrt mit dem Boot zurück. Dann setzt ein Soldat über und schickt den anderen Jungen im Boot zurück. Danach fahren die beiden Jungen wiederum zum gegenüberliegenden Ufer (wo schon ein Soldat ist) usw., bis die gesamte Kompanie übergesetzt hat.

149. ● a) $y^2 (y - 8) - (y - 8) = 0$; $(y - 8)(y^2 - 1) = 0$; $y_1 = 8$; $y_{2,3} = \pm 1$;
b) $x^3 (x - 4) - 19x (x - 4) + 30 (x - 4) = 0$, $x_1 = 4$,
$x^3 - 19x + 30 = 0$, $x^3 - 3x^2 + 3x^2 - 9x - 10x + 30 = 0$,
$x^2 (x - 3) + 3x (x - 3) - 10 (x - 3) = 0$, $x_2 = 3$,
$x^2 + 3x - 10 = 0$, $x_3 = 2$, $x_4 = -5$.

150. • Bekanntlich ist

$$S = \frac{a_1}{1-q},$$

dann gilt

$$S - a_1 = \frac{a_1}{1-q} - a_1 = \frac{a_1 q}{1-q} = \frac{a_2}{1-q}.$$

Daraus folgt durch Division: $S : (S - a_1) = a_1 : a_2$.

151. • Wir nehmen im Inneren des $\triangle ABC$ einen willkürlichen Punkt P an und zeichnen $\overline{PA}$, $\overline{PB}$, $\overline{PC}$ (Bild 45). Wir

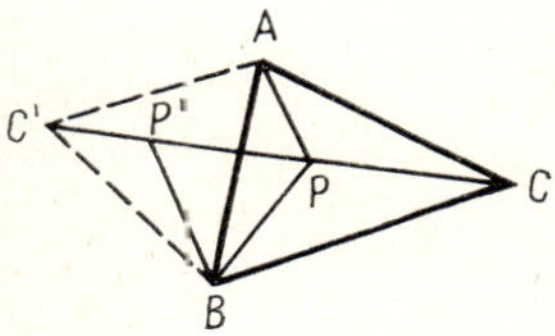

Bild 45

drehen das $\triangle APB$ um 60° um B. Dann sind die Dreiecke ABC' und PBP' gleichseitig und $|AP| + |PB| + |CP| = |C'P'| + |P'P| + |PC|$. Die rechte Seite dieser Gleichung stellt den Weg von C nach C' dar, im Allgemeinfall ist dies ein gebrochener Streckenzug mit den Eckpunkten P und P'. Diese gebrochene Linie nimmt eine minimale Länge an, wenn sie zu einer geraden Strecke wird. Dann ist $|\sphericalangle BPC| = 180° - |\sphericalangle BPP'| = 120°$; d. h., $|AP| + |BP| + |CP|$ erreicht ein Minimum, wenn P ein solcher Punkt ist, daß von ihm aus jede Seite des $\triangle ABC$ unter einem Winkel von 120° zu sehen ist. Dieser Punkt P heißt Fermatscher Punkt, er kann als Schnittpunkt von CC' mit dem dem $\triangle ABC'$ umbeschriebenen Kreis konstruiert werden. Der Fermatsche Punkt wird manchmal auch Torricellischer Punkt genannt.

152. • Bekanntlich ist

$$S_4 = 1^4 + 2^4 + \dots + (n-1)^4 + n^4$$

$$= \frac{n}{5 \cdot 6}(n+1)(2n+1)(3n^2+3n-1)\,.$$ Daraus folgt

$$5S_4 = \frac{n}{6}(n+1)(2n+1)(3n^2+3n-1)\,.$$

Es ist aber $S_2 = 1^2 + 2^2 + 3^2 + \ldots + n^2 = \frac{n(n+1)(2n+1)}{6}$,

deshalb gilt $(4n+2)\left(\frac{n(n+1)}{2}\right)^2 - S_2 = (4n+2)\left(\frac{n(n+1)}{2}\right)^2$

$$- \frac{n(n+1)(2n+1)}{6} = \frac{(2n+1)n^2(n+1)^2}{2} - \frac{n(n+1)(2n+1)}{6}$$

$$= n(n+1)(2n+1)\left(\frac{n^2+n}{2} - \frac{1}{6}\right)$$

$$= n(n+1)(2n+1)\frac{3n^2+3n-1}{6}.$$

153. • Wenn a nicht ohne Rest durch p teilbar ist, so sind die Zahlen $a, 2a, 3a, \ldots, (p-1)a$ ebenfalls nicht durch p teilbar und ergeben bei der Teilung durch p verschiedene Reste. Tatsächlich gilt: Wenn ka und la (mit $p-1 \geqq k \geqq l$) bei der Teilung durch p gleiche Reste ergäben, so wäre $ka - la = (k-l)a$ durch p teilbar, was nicht möglich ist, da p eine Primzahl, a nicht durch p teilbar ist und $k - l < p$.

Alle möglichen Reste bei der Teilung durch p werden jedoch durch $p-1$ Zahlen $1, 2, 3, \ldots, p-1$ erfaßt. Deshalb muß gelten $a = q_1p + a_1$, $2a = q_2p + a_2$, $3a = q_3p + a_3, \ldots,$ $(p-1)a = q_{p-1}p + a_{p-1}$, wobei $a_1, a_2, a_3, \ldots, a_{p-1}$ die Zahlen $1, 2, 3, \ldots, p-1$ in bestimmter Reihenfolge sind. Durch Multiplikation aller dieser Gleichungen erhalten wir
$(1 \cdot 2 \cdot 3 \cdot \ldots \cdot (p-1))\, a^{p-1} = M \cdot p + a_1a_2 \ldots a_{p-1}$ bzw.
$(1 \cdot 2 \cdot 3 \cdot \ldots \cdot (p-1))\,(a^{p-1} - 1) = M \cdot p$. Daraus folgt, daß $a^{p-1} - 1$ von p geteilt wird, weshalb auch $a^p - a$ durch p teilbar ist.

155. • Es sei $a = \overline{a_na_{n-1} \ldots a_1a_0}$ im Positionssystem mit der Basis p gegeben, d. h., $a = a_np^n + a_{n-1}p^{n-1} + \ldots + a_1p + a_0$. Wir dividieren die Stellenwerte durch b:
$p^n = bq_n + r_n$, $p^{n-1} = bq_{n-1} + r_{n-1}, \ldots,$ $p = bq_1 + r_1$, $1 = r_0$.
Dann gilt $a = a_n(bq_n + r_n) + a_{n-1}(bq_{n-1} + r_{n-1}) + \ldots +$

$$a_1(bq_1 + r_1) + a_0r_0 = b + \sum_{i=0}^{n} a_ir_i .$$

Daraus folgt $b|a$ genau dann, wenn $b|\sum_{i=0}^{n} a_ir_i$.

Aus der Pascalschen allgemeinen Teilbarkeitsregel können als Folgerungen für Einzelfälle der Zahl b alle bekannten Teilbarkeitsregeln erhalten werden, die im dekadischen Positionssystem gelten.

So ist z. B. eine Zahl (dargestellt im dekadischen System) genau dann durch 3 teilbar, wenn ihre Quersumme durch 3 teilbar ist.
Beweis: $p = 10$, $b = 3$
$10^n = 3 \cdot q_n + 1$ (alle r_i sind also 1).
Also $b \mid a \leftrightarrow b \sum_{i=0}^{n} a_i \cdot 1$; $\sum_{i=0}^{n} a_i$ ist aber die Quersumme.

156. • Wir betrachten drei Spezialfälle, bei denen zwei oder mehr Eckpunkte des einem Kreis einbeschriebenen Sechsecks zusammenfallen und es zu einem Fünf-, Vier- bzw. Dreieck wird, das einem Kreis einbeschrieben ist.

1. Fall: Wenn zwei Eckpunkte zusammenfallen, so wird die ihnen zugehörige Seite zu einer Tangente, und der PASCALsche Satz lautet: In einem beliebigen, einem Kreis einbeschriebenen Fünfeck sind die Schnittpunkte der Verlängerungen zweier Paare nicht benachbarter Seiten AB und DE bzw. BC und AE sowie der Schnittpunkt der fünften Seite CD mit der durch den Eckpunkt A führenden Tangente NA an den Kreis kollinear (Bild 46a).

2. Fall: Das einem Kreis einbeschriebene Viereck kann als Sechseck betrachtet werden, in dem zwei Paare von Eckpunkten zusammenfallen. Dann existiert folgende Beziehung: In einem beliebigen, einem Kreis einbeschriebenen Viereck sind die Schnittpunkte der Verlängerungen zweier Paare gegenüberlie-

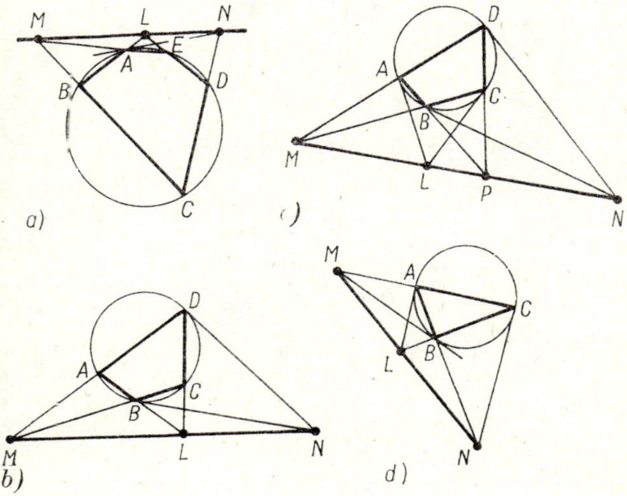

Bild 46

gender Seiten AB und CD bzw. DA und CB sowie des Tangentenpaares DN und BN an den Kreis in gegenüberliegenden Eckpunkten kollinear (Bild 46b). Wenn an alle Eckpunkte des einem Kreis einbeschriebenen Vierecks Tangenten gelegt werden (Bild 46c), so gilt der Satz: Für ein beliebiges, einem Kreis einbeschriebenes Viereck schneiden sich zwei Paare gegenüberliegender Seiten und zwei Tangentenpaare an gegenüberliegenden Eckpunkten in vier kollinearen Punkten.

3. Fall: Wir betrachten das einem Kreis einbeschriebene Dreieck als Sechseck, in dem alle Eckpunkte paarweise zusammenfallen. Dann gilt die Beziehung: In einem beliebigen, einem Kreis einbeschriebenen Dreieck sind drei Schnittpunkte der Seiten mit den Tangenten an den Kreis in gegenüberliegenden Eckpunkten kollinear (Bild 46d).

157. • 1. $\binom{n}{0} + \binom{n}{1} + \ldots + \binom{n}{n} = 2^n$. Diese Formel ist der Beweis folgenden mengentheoretischen Ergebnisses: Jede nichtleere Menge aus n Elementen besitzt 2^n verschiedene Teilmengen. Warum?

$$2.\ \binom{n}{0} - \binom{n}{1} + \binom{n}{2} - \ldots + (-1)^n \binom{n}{n} = 0$$

3. Diese Summe steht links unter der letzten Zahl der Schrägreihe: $1 + 4 + 10 + 20 + 35 = 70$.

4. Die Fibonaccische Zahlenfolge bildet die Summe: $1, 1, 1+1, 1+2, 1+3+1, 1+4+3, 1+5+6+1, \ldots$;
$1, 3, 6, 10, \ldots$ sind die Dreieckszahlen, $1, 4, 10, 20, 35, 56, \ldots$ die Pyramidalzahlen.

158. • Bei einem Wurf ist die Wahrscheinlichkeit, daß 6 Augen fallen, gleich $\frac{1}{6}$, und die Wahrscheinlichkeit, daß sie nicht fallen, gleich $\frac{5}{6}$. Die Wahrscheinlichkeit, daß bei vier Würfen nicht ein einziges Mal 6 Augen fallen, beträgt $\left(\frac{5}{6}\right)^4 = \frac{625}{1296}$. Also ist die Wahrscheinlichkeit des Gewinns für de Méré gleich $1 - \frac{625}{1296} = \frac{671}{1296} > \frac{1}{2}$. Bei einer großen Zahl von Würfen wurde es offenkundig, daß de Méré öfter gewann als verlor. Die anderen Spieler bemerkten das mit der Zeit, und der Chevalier mußte sich kompliziertere Spielregeln ausdenken.

159. • Wir stellen uns vor, daß noch eine Runde gespielt wird. Falls der erste gewinnt, so erhält er alles Geld (da der Stand

10 : 8 sein wird), falls der zweite gewinnt, so wird der Stand 9 : 9 sein, wonach die Chancen eines jeden gleich sein werden. Das heißt, die Hälfte des Geldes gehört dem ersten. Die zweite Hälfte erhält er oder sein Gegner, je nach dem Ergebnis der letzten Runde. Deshalb ist die zweite Hälfte des Geldes in gleiche Teile zu teilen. Dem ersten gehört 0,75 des gesamten Geldes, dem zweiten 1 — 0,75 = 0,25.

160. • Wir errichten FK so, daß der Bogen AB im Punkt F halbiert wird (Bild 47). Dann gilt $|AF| > 0{,}5\,|AB|$, $|FB| > 0{,}5\,|AB|$ und $|AB|^2 < 4 \cdot |BF|^2$; es ist aber $|BF|^2 = 2|R| \cdot |BG|$ und $|AB|^2 = 2|R| \cdot |BD|$. Deshalb ist $|BD| : |BG| < 4$.

Wegen $|FK| = |AB|$ und $2|AB| > |AC|$ gilt $|FK| > 0{,}5\,|AC|$, $0{,}5\,|AC| \cdot |BD| < 4|FK| \cdot |BG|$. Daraus folgt, daß $S_{\triangle ABC} < 8S_{\triangle FBK}$, und $S_{\triangle FBK} = S_{\triangle CBK} = S_{\triangle ABF}$.

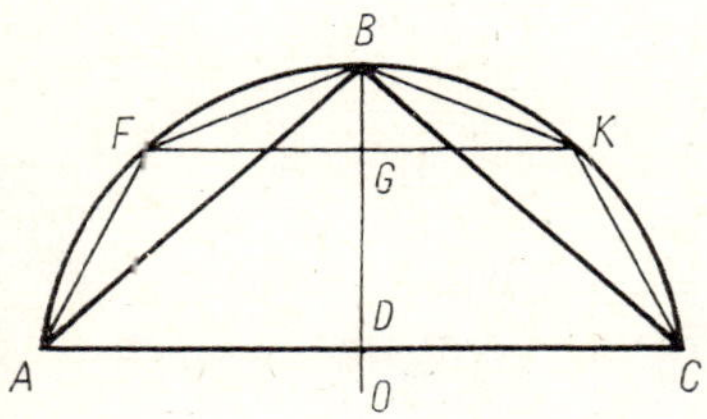

Bild 47

161. • Offensichtlich ist $|EF| > |BF|$. Wegen $|BF| = |AF|$ gilt $|EF| > |AF|$, $|AE| < 2|EF|$, und deshalb gilt $S_{\triangle FEG} : S_{\triangle AEC} > 0{,}25$, $4S_{\triangle FEG} > S_{\triangle AEC}$, $S_{\triangle AEC} > 2S_{\triangle ABC}$, denn $|ED| > 2|BD|$. Also ist $S_{\triangle FEG} > 0{,}5S_{\triangle ABC}$.

162. • $|AO| = |OC| = |CD| = |OD| = 1$, deshalb gilt $|\sphericalangle FOC| = 30°$. $|FC| : |OC| = |FC| : 1 = \tan 30°$, woraus folgt $|FC| = \tan 30° = \sqrt{3} : 3$. $|AB|^2 = |AC|^2 + |CB|^2 = 2^2 + (3 - \sqrt{3} : 3)^2 \approx 13{,}333 - 3{,}4641 \approx 9{,}8692$. Daraus folgt $|AB| = \sqrt{9{,}8692} = 3{,}1415\ldots \approx \pi$.

163. ▼ $7! : 7 = 6! = 720$.

Die Aufgabe führt scheinbar auf die Bestimmung der Zahl der Permutationen $P_7 = 7! = 5040$. So löste sie auch Ozanam, aber er irrte sich. Die Antwort würde so lauten, falls die sieben Freunde in einer Reihe auf einer langen Bank, auf einer Seite eines Tisches von rechteckiger Form säßen. Wir führen die Permutationen von 7 Elementen durch, die im Kreis angeordnet sind. Die Zahl der Permutationen ist $P_7 = 7! = 5040$. Wir teilen diese Permutationen so in Klassen, daß in eine Klasse jene Permutationen fallen, die sich auseinander nur durch Drehung ergeben. In jeder Klasse gibt es 7 solcher Permutationen. Deshalb ist die Zahl der verschiedenen Kombinationen gleich $7!:7 = 6! = 720$. OZANAM nahm dagegen an, daß die Freunde 14 Jahre lang gemeinsam zu Mittag speisen müßten.

164. • Es sei y der Teil des vorhandenen Vorrats an Gras, das auf der Fläche von 1 ha in 1 Woche heranwächst. Auf der ersten Wiese wächst in vier Wochen $3\frac{1}{3}\,y \cdot 4 = \frac{40}{3}\,y$ des anfänglichen Vorrats an Gras heran. Dies ist gleichbedeutend damit, daß sich die Fläche der ersten Wiese vergrößert und $\left(3\frac{1}{3} + \frac{40}{3}\,y\right)$ ha beträgt. In einer Woche fraß ein Rind das Gras auf der Fläche $\left(\frac{10}{3} + \frac{40}{3}\,y\right) : 48 = \frac{10 + 40y}{144}$ ha. Analog finden wir aus den Werten für die zweite Wiese diejenige Wiesenfläche, die für das Weiden eines Rindes während einer Woche ausreichend ist: $\frac{10 + 90y}{189}$ ha. Beide Weidenormen müssen gleich sein: $\frac{10 + 40y}{144} = \frac{10 + 90y}{189}$. Daraus resultiert $y = \frac{1}{12}$. Nun bestimmen wir die Wiesenfläche, deren Vorrat an Gras für das Weiden eines Rindes im Verlaufe einer Woche ausreichend ist:

$$\frac{10 + 40\,y}{144} = \frac{10 + 40 \cdot \frac{1}{12}}{144} = \frac{5}{54}\,(\mathrm{ha})\,.$$

Wir bezeichnen die gesuchte Zahl der Rinder mit x. Dann gilt $\frac{24 + 24 \cdot 18 \cdot \frac{1}{12}}{18x} = \frac{5}{54}$. Also ist $x = 36$. Auf der dritten Wiese reicht das Gras, um 36 Rinder 18 Wochen weiden zu lassen.

165. • Wir legen durch P eine beliebige Strecke $\overline{DE}$ so, daß $|PE| : |PD| = m : n$. Wir errichten $\overline{EC} \parallel \overline{AD}$ und verlängern $\overline{CP}$ bis $\overline{CB}$, letztere ist die gesuchte Gerade.

166. • a) Der Fall, daß die gegenüberliegenden Vierecksseiten paarweise parallel sind, d. h. daß $ABCD$ ein Rhombus, ist trivial. Deshalb betrachten wir den Fall, daß in $ABCD$ wenigstens ein Paar gegenüberliegender Seiten AB und DC nicht parallel sind (Bild 48). Es seien M_1 und M_2 die Mittelpunkte der

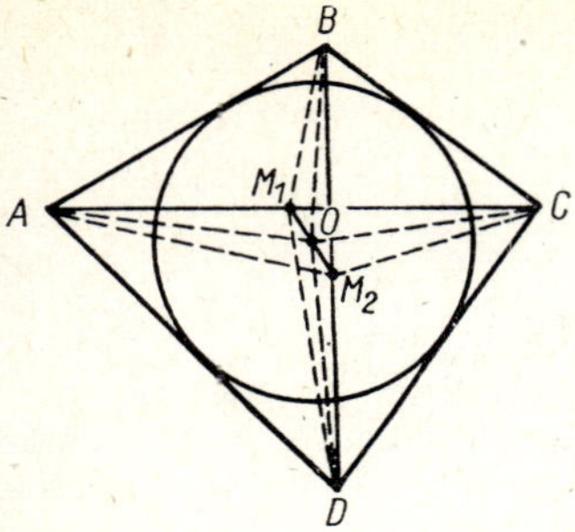

Bild 48

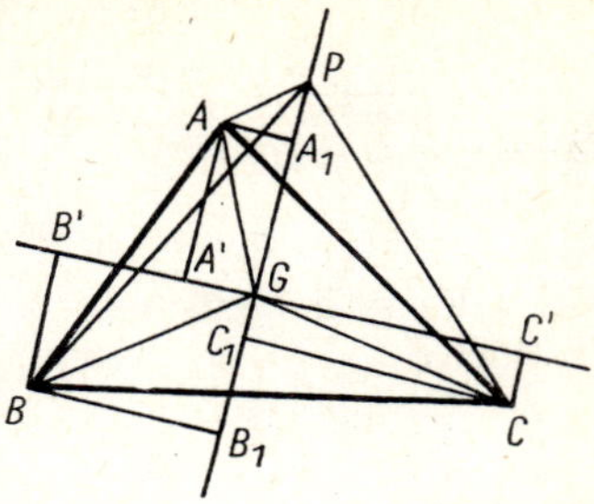

Bild 49

Diagonalen und O der Mittelpunkt des $ABCD$ einbeschriebenen Kreises.

Offensichtlich ist $S_{\triangle M_1AB} + S_{\triangle M_2CD} = \frac{1}{2}(S_{\triangle ABC} + S_{\triangle ACD}) = \frac{1}{2} S_{ABCD}$, analog $S_{\triangle M_2AB} + S_{\triangle M_2CD} = \frac{1}{2} S_{ABCD}$. Außerdem gilt $S_{\triangle AOB} + S_{\triangle OCD} = \frac{1}{2} S_{ABCD}$. Da $ABCD$ einem Kreis umbeschrieben ist, so gilt $|AB| + |CD| = |AD| + |BC|$ und $S_{\triangle AOB} + S_{\triangle OCD} = S_{\triangle OAD} + S_{\triangle OBC} = \frac{1}{2} S_{ABCD}$. Aber innerhalb von $ABCD$ bildet die Menge der Punkte M, für die $S_{\triangle MAD} + S_{\triangle MCD} = \frac{1}{2} S_{ABCD}$ gilt, eine gerade Strecke

167. ▾ 35 Meilen

168 • $\frac{\pi}{4} = \frac{1}{1} - \frac{1}{3} + \frac{1}{5} - \frac{1}{7} + \ldots = \frac{2}{1 \cdot 3} + \frac{2}{5 \cdot 7} + \frac{2}{9 \cdot 11} + \ldots,$

deshalb ist

$$\frac{\pi}{8} = \frac{1}{1 \cdot 3} + \frac{1}{5 \cdot 7} + \frac{1}{9 \cdot 11} + \ldots = \frac{1}{2^2 - 1} + \frac{1}{6^2 - 1} + \frac{1}{10^2 - 1} + \ldots$$

170. • Es sei P ein willkürlicher Punkt und G der Schwerpunkt des $\triangle ABC$ (Bild 49). Wir errichten $\overline{AA_1} \perp PG$, $\overline{BB_1} \perp PG$ und $\overline{CC_1}$ _ PG; aus den Dreiecken PAG, PBG, PCG erhalten wir:

$$|PA|^2 = |PG|^2 + |AG|^2 - 2\,|PG| \cdot |GA_1|,\ |PB|^2 = |PG|^2 + |BG|^2 + 2\,|PG| \cdot |B_1G|,\ |PC|^2 = |PG|^2 + |CG|^2 + 2\,|PG| \cdot |GC_1|.$$

Durch gliedweises Addieren dieser Gleichungen erhalten wir:

$$|PA|^2 + |BP|^2 + |PC|^2 = 3\,|PG|^2 + |AG|^2 + |BG|^2$$
$$+ |CG|^2 - 2\,|PG|\,(|GA_1| - |GB_1| - |GC_1|)\,.$$

Durch G legen wir eine zu PG senkrechte Gerade und errichten auf ihr die Senkrechten $\overline{AA'}$, $\overline{BB'}$, $\overline{CC'}$. Dann gilt $|A'A| = |GA_1|$, $|B'B| = |GB_1|$, $|C'C| = |GC_1|$. Man kann zeigen, daß $|GA_1| - |GB_1| - |GC_1| = |A'A| - |B'B| - |C'C| = 0$. Deshalb gilt $|PA|^2 + |PB|^2 + |PC|^2 = |AG|^2 + |BG|^2 + |CG|^2 + 3|PG|^2$.

171. • 1. Gleiche Plätze nehmen die Zahlen $\binom{n}{m}$ (im Pascalschen Dreieck) und $1 : \left((n+1)\binom{n}{m}\right)$ (im Leibnizschen Dreieck) ein.

2. $\frac{1}{2} = 1 - \frac{1}{2}$, $\frac{1}{6} = \frac{1}{2} - \frac{1}{3}$, $\frac{1}{12} = \frac{1}{3} - \frac{1}{4}$, $\frac{1}{20} = \frac{1}{4} - \frac{1}{5}$, usw. Durch gliedweises Addieren der Gleichungen erhalten wir die gesuchte Summe. In jeder der Gleichungen steht links die Zahl, mit welcher die entsprechende Schrägreihe beginnt, und rechts die Summe aller Zahlen der folgenden Schrägreihe.

172. • Im $\triangle ABC$ (Bild 50 a) gilt $|BX| : |XC| = S_{\triangle ABX} : S_{\triangle AXC}$

$$= S_{\triangle PBX} : S_{\triangle PXC} = (S_{\triangle ABX} - S_{\triangle PBX})$$
$$: (S_{\triangle AXC} - S_{\triangle PXC}) = S_{\triangle ABP} : S_{\triangle CAP}\,.$$

Analog

$$|CY| : |YA| = S_{\triangle BCP} : S_{\triangle ABP},$$
$$|AZ| : |ZB| = S_{\triangle CAP} : S_{\triangle BCP}\,.$$

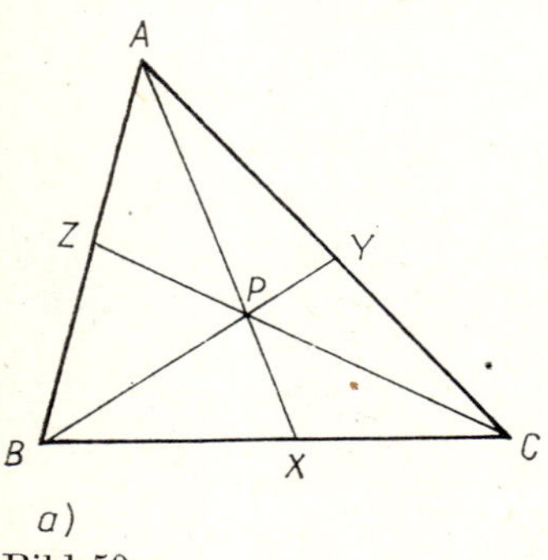

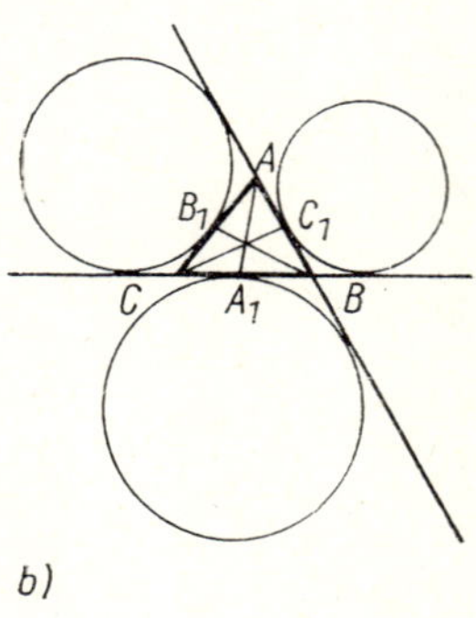

Bild 50

Durch gliedweises Multiplizieren der drei erhaltenen Gleichungen finden wir

$$\frac{|BX|}{|XC|}\cdot\frac{|CY|}{|YA|}\cdot\frac{|AZ|}{|ZB|}$$
$$=\frac{S_{\triangle ABP}}{S_{\triangle CAP}}\cdot\frac{S_{\triangle BCP}}{S_{\triangle ABP}}\cdot\frac{S_{\triangle CAP}}{S_{\triangle BCP}}=1\,. \tag{1}$$

Der Umkehrsatz ist ebenfalls gültig: Wenn drei Ecktransversalen der Bedingung (1) genügen, so schneiden sie sich in einem Punkt. Aus dem Satz von CEVA erhalten wir als Folgerung die bekannten Sätze: 1. Die Seitenhalbierenden eines Dreiecks schneiden sich in einem Punkt; 2. die Winkelhalbierenden eines Dreiecks schneiden sich in einem Punkt; 3. die Höhen in einem Dreieck schneiden sich in einem Punkt; 4. die Geraden, die durch die Eckpunkte eines Dreiecks verlaufen und seinen Umfang halbieren, schneiden sich in einem Punkt; 5. die Geraden, welche die Eckpunkte eines Dreiecks mit den Berührungspunkten des dem Dreieck einbeschriebenen Kreises auf den gegenüberliegenden Seiten verbinden, schneiden sich in einem Punkt; 6. die Geraden, welche die Eckpunkte eines Dreiecks mit den Berührungspunkten der gegenüberliegenden Seiten mit den entsprechenden von außen einbeschriebenen Kreisen verbinden, schneiden sich in einem Punkt (Bild 50b).

174. • Die Aufgabe führt auf die Konstruktion eines solchen Bogens AB (Bild 51), so daß von einem beliebigen Punkt M $\overline{AB}$ unter dem Winkel α zu sehen ist, und eines Bogens BC, von dessen Punkten aus $\overline{BC}$ unter dem Winkel β zu sehen ist. Dafür konstruieren wir:

$$|\sphericalangle VAB|=\alpha,\quad AP\perp AV,\quad |AQ|=|QB|,$$
$$\overline{QO_1}\cap AP=O_1,\overline{O_1Q}\perp\overline{AB}\,.$$

Der Kreis $(O_1, |AO_1|)$ verläuft durch die Punkte A, B, M, und aus dem Punkt M ist $\overline{AB}$ unter dem Winkel α zu sehen. Analog konstruieren wir $(O_2, |FC|)$. Dieser Kreis verläuft durch die Punkte B, C, M, und aus dem Punkt M ist die Strecke $\overline{BC}$ unter dem Winkel β zu sehen. Deshalb ist M der gesuchte Punkt.

175. • Die Lage des Zündholzes auf der Fläche wird durch den Abstand l vom Mittelpunkt des Zündholzes zur nächstgelegenen Parallele und den Winkel φ zwischen der Richtung der Geraden und der des Hölzchens bestimmt (Bild 52). Es versteht

sich, daß $0 < l_i < |AB|$ ($|AB|$ ist die Länge des Zündholzes), $0 \leqq \varphi \leqq \pi$.

Folglich werden die möglichen Ergebnisse des Experiments durch das Zahlenpaar (l, φ) bestimmt, wobei l beliebig zwischen 0 und $|AB|$ und φ zwischen 0 und π liegen kann. Die Menge aller möglichen Ergebnisse des Experiments kann man als Punkte

Bild 52

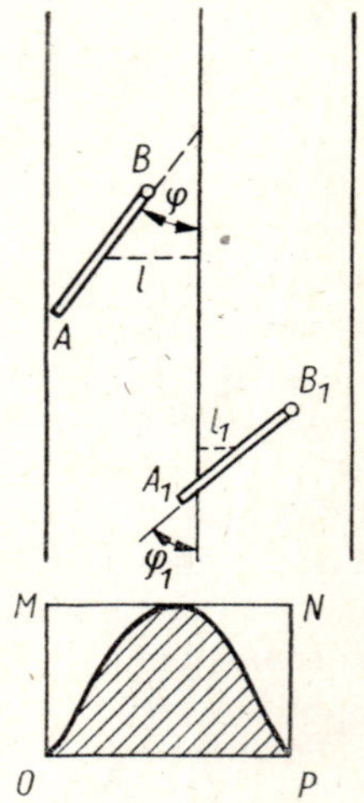

Bild 51

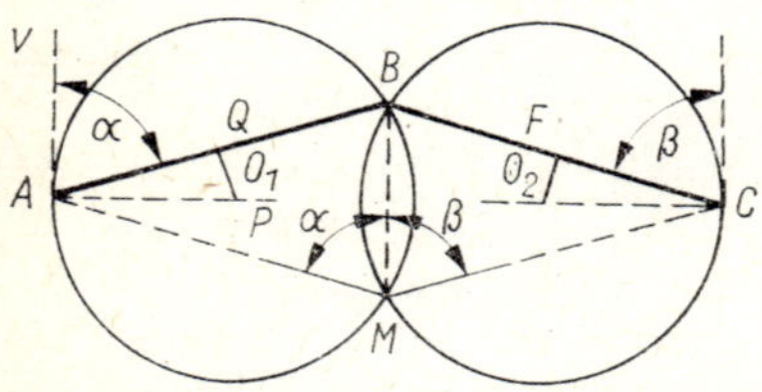

darstellen, die ein Rechteck $OMNP$ ausfüllen, wobei $|OM| = |AB|$, $|MN| = \pi$. Offensichtlich ist ebenfalls: Die Wahrscheinlichkeit dafür, daß der Punkt (l, φ) in einen bestimmten Teil des Rechtecks $OMNP$ fällt, ist gleich dem Verhältnis der Fläche dieses Teils zur Gesamtfläche des Rechtecks $OMNP$. Also ist der Teil der Fläche von $OMNP$ zu bestimmen, den die Punkte (l, φ), die die Überschneidung des Zündholzes mit einer beliebigen Parallelen charakterisieren, ausfüllen. Letzteres tritt ein, wenn $l \leqq |AB| \sin \varphi$; die Kurve $y = |AB| \sin \varphi$ ist eine Sinuskurve, und die Ungleichung $l \leqq |AB| \sin \varphi$ bedeutet, daß alle Punkte, die der Überschneidung des Zündholzes mit den Parallelen entsprechen, den Teil des Rechtecks $OMNP$ unter dem Bogen der Sinuskurve ausfüllen. Die Fläche unter der Sinuskurve beträgt $2\,|AB|$. Deshalb ist die gesuchte Wahrscheinlichkeit:

$$\frac{2\,|AB|}{|AB|\,\pi} \approx \frac{2}{\pi} \approx 0{,}637\,.$$

So kann man experimentell die Zahl π ermitteln.

Das Europa des 19. und 20. Jahrhunderts

Bei der Beschreibung der Mathematik der letzten zwei Jahrhunderte muß natürlich vor allem auf das Werk von Carl Friedrich GAUSS (30. 4. 1777—23. 2. 1855) eingegangen werden. Dieser große Gelehrte machte seinen Namen durch Entdeckungen in der Zahlentheorie, der Algebra, der Geometrie und der numerischen Mathematik unsterblich; er zeigte weitreichende Möglichkeiten für die Anwendung mathematischer Methoden in Astronomie, Mechanik, Geodäsie, Elektrotechnik und Kartographie auf. Manche seiner tiefgründigsten Entdeckungen hat GAUSS zeit seines Lebens nicht veröffentlicht, sie wurden erst nach Sichtung seines Nachlasses bekannt. So hatte GAUSS die nichteuklidische hyperbolische Geometrie völlig ausgearbeitet. Da er aber die Auseinandersetzung um diese wahrhaft revolutionäre Entdeckung fürchtete, hielt er sie streng geheim und teilte sie lediglich einigen Freunden unter dem Siegel der Verschwiegenheit mit. GAUSS vermied es auch, öffentlich für Nikolai Iwanowitsch LOBATSCHEWSKI (1. 12. 1792—24. 2. 1856) und Janoš BOLYAI (15. 12. 1802—17. 1. 1860) einzutreten, welche unabhängig von ihm ebenfalls die nichteuklidische Geometrie entdeckt hatten und sich vergeblich um Anerkennung bemühten.

An den Hochschulen Frankreichs war eine Vielzahl bedeutender Mathematiker tätig. Sie hielten Vorlesungen, verfaßten Lehrbücher für Studenten und suchten aktiv nach neuen mathematischen Beziehungen und möglichen Anwendungen der Mathematik in Wissenschaft und Technik. Joseph Louis LAGRANGE z. B. machte hervorragende Entdeckungen in der Theorie der algebraischen Gleichungen, in der diophantischen Analysis, der analytischen und Himmelsmechanik, der sphärischen Astronomie, der Kartographie und der Theorie der Differentialgleichungen. Gleichzeitig mit EULER legte er den Grundstein zu einem neuen Gebiet der Analysis, der Variationsrechnung. Gaspard MONGE wandte geometrische Methoden auf die Lösung von Problemen des Baus militärischer Anlagen an und wurde so

Carl Friedrich Gauß. Als einer der produktivsten und tiefgründigsten Mathematiker aller Zeiten sowie als Astronom, Geodät und Naturforscher erhielt er nach seinem Tode die Ehrenbezeichnung »Mathematicorum princeps«. Sein wissenschaftlicher Einfluß reicht bis in unsere Zeit. Holzschnitt von Emil Eugen Sachse

zum Schöpfer der darstellenden Geometrie. Vielseitig war auch die Tätigkeit des bedeutenden Mathematikers, Astronomen und Mechanikers Pierre-Simon LAPLACE. Seine fünfbändige »Himmelsmechanik« enthielt die Lösungen vieler komplizierter Probleme der theoretischen Astronomie und stellte einen bedeutsamen Beitrag zu diesem Gebiet der mathematischen Naturforschung dar.

Simeon Denis POISSON, ein bekannter Gelehrter, Mitglied der Pariser und Ehrenmitglied der Petersburger Akademie der Wissenschaften, war auf verschiedenen Gebieten der Mathematik, Himmelsmechanik, Mond- und Planetentheorie, der Kapillarentheorie, der Theorie der Biegung von Scheiben und der Theorie der Wärmeleitung tätig und bereicherte die Wissenschaft mit mathematischen Modellen von Erscheinungen der uns umgebenden Realität.

Außerordentlich fruchtbar war das Wirken von Augustin Louis CAUCHY. Er verfaßte mehr als 800 Arbeiten zur Analysis, mathematischen Physik, Zahlentheorie, Algebra, theoretischen und Himmelsmechanik. In seinen Veröffentlichungen setzte CAUCHY neue Maßstäbe für die Strenge mathematischer Beweise. Er lieferte eine allgemein anerkannte Begründung der Analysis, indem er sie auf der Grundlage einer konsequenten Anwendung der Grenzwerttheorie darstellte.

In den 20er Jahren des 19. Jh. wirkte für kurze Zeit ein Genie der norwegischen Mathematik, Niels Henrik ABEL. Ungeachtet seiner Armut und seiner schweren Krankheit arbeitete ABEL mit wahrem Heldenmut. Er bereicherte verschiedene Gebiete der Mathematik durch Beweise vieler wichtiger Lehrsätze, unter anderem des berühmten Satzes, daß die allgemeine algebraische Gleichung n-ten Grades bei $n \geqq 5$ nicht durch Radikale auflösbar ist. Den Namen ABELS tragen Sätze, Formeln, Transformationen, Begriffe und andere mathematische Objekte.

Zu Beginn der 30er Jahre leuchtete am Horizont der französischen Wissenschaft wie eine Supernova das Genie des Evariste GALOIS (25. 10. 1811–31. 5. 1832) auf. GALOIS besaß zwei Leidenschaften – den Haß gegen das reaktionäre Regime und die Hingabe an die Mathematik. In der Wissenschaft war er wie im Leben ein Revolutionär. In der Nacht vor dem tödlichen Duell, das vermutlich von seinen politischen Gegnern inszeniert worden war, legte GALOIS in einem Brief an seinen Freund die Grundlagen der heute nach ihm benannten Theorie, welche die Zusammenhänge zwischen den algebraischen Erweiterungskörpern und der Gruppentheorie aufdeckte. Die GALOISsche Theorie ermöglicht eine endgültige Antwort auf die Frage, welche geometrischen Objekte mit Zirkel und Lineal in endlich vielen Schritten konstruierbar sind und liefert damit auch den Schlüssel zur Beantwortung der drei berühmten antiken Fragestellungen nach der Quadratur des Kreises, der Dreiteilung des Winkels und der Verdoppelung des Würfels. Sie gestattet auch die Frage zu beantworten, welche algebraischen Gleichungen durch Radikale auflösbar sind.

Am 23. Februar 1826 hielt der Professor der Universität Kasan, Nikolai Iwanowitsch LOBATSCHEWSKI, auf einer Sitzung der physikalisch-mathematischen Fakultät einen Vortrag, in dem er der Öffentlichkeit erstmals die Idee einer nichteuklidischen Geometrie unterbreitete. Viele Generationen von Gelehrten hatten erfolglos das Geheimnis des Parallelenpostulats aufzuklären versucht. GAUSS sah den Ausweg, wagte es aber nicht, die Autorität der euklidischen Tradition öffentlich anzutasten. Diesen für die Geschichte des gesamten mathematischen und philosophischen Denkens revolutionären Schritt vollzog LOBATSCHEWSKI, einer der genialen Vertreter der russischen Wissenschaft.

Ein bedeutender Schritt in der Entwicklung der Geometrie ist dem hervorragenden deutschen Mathematiker Bernhard RIEMANN (17. 9. 1826—30. 12. 1866) zu verdanken. Er klassifizierte alle existierenden Geometrien, einschließlich der damals noch kaum verstandenen Geometrie LOBATSCHEWSKIS, und wies den Weg zur Schaffung einer beliebigen Anzahl neuer Arten von mathematischen Modellen des physikalischen Raumes. Mit der Zeit wurden solche Räume Allgemeingut der Geometer. Sie waren die mathematische Grundlage der allgemeinen Relativitätstheorie Albert EINSTEINS.

Von größter Wirkung in der Geschichte der Mathematik war die von Georg CANTOR (3. 3. 1845—6. 1. 1918) geschaffene Mengentheorie, die eine Umwälzung des gesamten mathematischen Denkens mit sich brachte.

Die Mathematik des 20. Jh. wurde durch eine gewaltige Anzahl von Theorien bereichert, deren Untersuchungsgegenstand abstrakte Objekte sind. Ungeachtet des gewachsenen Abstraktionsgrades in der modernen Mathematik sollte man jedoch immer daran denken, daß sich ihre Ursprünge und Wurzeln in der objektiven Realität befanden. Ein klares Zeugnis dafür ist die Entstehung einer neuen mathematischen Theorie in den 40er Jahren unseres Jahrhunderts – der Kybernetik, deren materielle

Verkörperung die elektronischen Datenverarbeitungsanlagen wurden.

Aufgaben

Joseph Louis Lagrange
(25. 1. 1736–10. 4. 1813)

176. Man überprüfe die Identitäten:

a) $(A^2+B^2+C^2)(A_1^2+B_1^2+C_1^2)-(AA_1+BB_1+CC_1)^2$

$= (AB_1-A_1B)^2+(AC_1-A_1C)^2+(BC_1-B_1C)^2$;

b) $(x_1y_1-x_2y_2+\ldots+x_ny_n)^2=(x_1^2+x_2^2+\ldots+x_n^2)$

$\times(y_1^2+y_2^2+\ldots+y_n^2)-(x_1y_2-x_2y_1)^2-(x_1y_3-x_3y_1)^2-$

$\ldots-(x_1y_n-x_ny_1)^2-(x_2y_3-x_3y_2)^2-(x_2y_4-x_4y_2)^2-\ldots$

$-(x_{n-1}\,y_n-x_n\,y_{n-1})^2$.

Sophie Germain
(1. 4. 1776–27. 6. 1831)

177. Für $a > 1$ ist a^4+4 eine zusammengesetzte Zahl.

Sophie Germain, eine französische Mathematikerin und Philosophin, beschäftigte sich mit Zahlentheorie und mit mathematischer Physik. Sie erhielt für die Ausarbeitung der mathematischen Theorie der Biegung von Platten einen Preis der Pariser Akademie. Sophie Germain war die erste Frau, die eine solche Auszeichnung erhielt.

Carl Friedrich Gauss
(30. 4. 1777–23. 2. 1855)

178. Wenn keine Seiten eines Vierecks parallel sind, so liegt der Mittelpunkt der Strecke, welche die Schnittpunkte gegen-

überliegender Seiten verbindet, auf der die Mittelpunkte der Diagonalen verbindenden Geraden.

Simeon Denis Poisson
(21. 6. 1781–25. 4. 1840)

179. Jemand besitzt 12 Pint Wein (das Pint ist ein altes Volumenmaß, das etwa gleich 0,568 l ist). Er hat Gefäße von 12, 8 und 5 Pint Fassungsvermögen. Wie können lediglich durch Umgießen 6 Pint Wein abgefüllt werden?

Augustin Louis Cauchy
(21. 8. 1789–23. 5. 1857)

180. Für beliebige nichtnegative Zahlen $a_1, a_2, a_3, \ldots, a_n$ gilt

$$\frac{a_1 + a_2 + \ldots + a_n}{n} \geqq \sqrt[n]{a_1\, a_2 \ldots a_n}$$

(Cauchysche Ungleichung).

181. $(x_1^2 + x_2^2 + \ldots + x_n^2)(y_1^2 + y_2^2 + \ldots + y_n^2) \geqq (x_1y_1 + x_2y_2 + \ldots + x_ny_n)^2$ (Cauchy-Bunjakowskische Ungleichung).

August Ferdinand Möbius
(17. 11. 1790–26. 9. 1868)

182. Man nehme zwei gleiche, genügend lange Papierstreifen und fertige daraus zwei Modelle einer einseitigen Fläche, des sogenannten Möbiusschen Bandes, an (Bild 53). Man ziehe auf dem einen Modell mit Bleistift eine Linie in der Mitte des Streifens und auf dem anderen zwei Linien, die den Streifen in drei gleiche Teile zerlegen. Man zerschneide den Streifen des ersten Modells entlang der in der Mitte gezogenen Linie und den Streifen des zweiten Modells entlang der beiden gezogenen Linien. Was erhält man im Ergebnis?

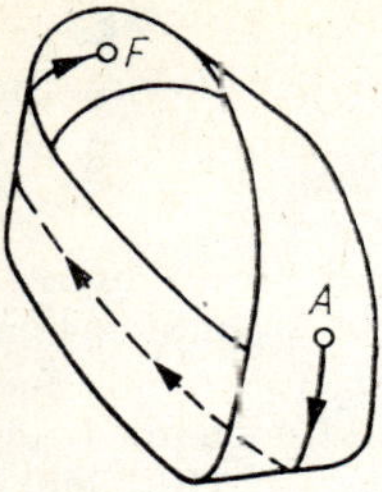

Bild 53

Das Möbiussche Band besitzt viele interessante Eigenschaften und unerwartete Anwendungen in der Technik. Ihm wurden etliche literarische und sogar künstlerische Werke gewidmet.

Jakob Steiner
(18. 3. 1796–1. 4. 1863)

In den Aufgaben 183 bis 186 sind die Konstruktionen nur mit Hilfe eines Lineals auszuführen.

183. Auf einer Geraden sind drei Punkte A, B, C gegeben, von denen B in der Mitte zwischen A und C liegt. Durch einen willkürlichen Punkt K ($K \notin AC$) ist eine zu AC parallele Gerade zu legen.

184. Es ist $\overline{AC} \parallel \overline{KF}$ gegeben. Man halbiere eine der Strecken, z. B. $\overline{AC}$.

185. Es sind zwei parallele Geraden gegeben. Durch einen gegebenen Punkt ist eine dritte Gerade zu legen, die den gegebenen parallel ist.

186. Gegeben sind ein Hilfskreis und die Strecke AB, die durch den Kreismittelpunkt führt. Es ist eine Senkrechte zu AB durch einen gegebenen Punkt M zu errichten.

187. Gegeben sind ein Hilfskreis und eine beliebige Gerade AB. Durch einen gegebenen Punkt ist eine zu AB parallele Gerade zu legen.

188. Wenn je eine Kathete zweier rechtwinkliger Dreiecke gegeben und die Summe der zwei übrigen Katheten bekannt ist, so ist die Summe der Hypotenusen im Fall der Ähnlichkeit der Dreiecke am kleinsten.

Konstruktionsaufgaben mit Hilfe von Zirkel und Lineal interessierten die Gelehrten seit ältesten Zeiten. Mit der Zeit entwickelten sich modifizierte Versionen der Lösung solcher Aufgaben, und zwar in folgenden drei Grundrichtungen: Konstruktionen mit Hilfe eines Zirkels allein, mit Hilfe eines Lineals allein, mit Hilfe eines Lineals und eines Hilfskreises. Mit den Aufgaben des ersten Typs beschäftigten sich der dänische Mathematiker Georg MOHR (1640 bis 1697) sowie der italienische Gelehrte Lorenco MASCHERONI (1750 bis 1800). Der deutsche Mathematiker Ch. von STAUDT (1798–1867) untersuchte die Konstruktionen mit Hilfe eines Lineals. MOHR und der berühmte Schweizer Mathematiker J. STEINER untersuchten die Konstruktionen mit Hilfe eins Lineals und eines unveränderlichen Hilfskreises. Die Theorie aller drei Typen von Konstruktionen hat STEINER am vollständigsten ausgearbeitet.

NIELS HENRIK ABEL
(5. 8. 1802–6. 4. 1829)

189. Es sei die Summe $S = a_1b_1 + a_2b_2 + \ldots + a_nb_n$ gegeben, wobei $a_1, a_2, \ldots, a_n, b_1, b_2, \ldots, b_n$ zwei Zahlenfolgen sind. Die Summen $b_1, b_1 + b_2, b_1 + b_2 + b_3, \ldots, b_1 + b_2 + \ldots + b_n$ bezeichnen wir entsprechend mit $B_1, B_2, \ldots, B_n$. Dann gilt

$$S = (a_1 - a_2)\,B_1 + (a_2 - a_3)\,B_2 + \ldots + (a_{n-1} - a_n)\,B_{n-1} + a_nB_n.$$

JOHANN BENEDIKT LISTING
(25. 4. 1808–24. 12. 1882)

190. Man versuche in einem Bleistiftzug die Figur a und danach auch die Figur b zu zeichnen (Bild 54). Wie sind die Ergebnisse dieser Versuche zu erklären?

Die LISTINGschen Aufgaben, wie auch Nr. 182, sind Beispiele topologischer Aufgaben. LISTING entdeckte gleichzeitig mit MÖBIUS die einseitige Oberfläche – das MÖBIUSsche Band – und prägte den Begriff »Topologie«.

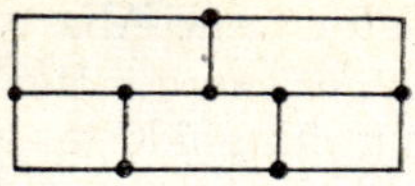

a)

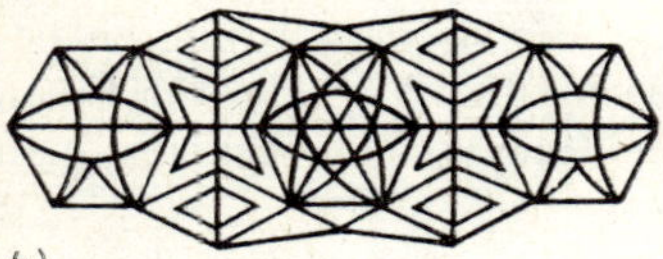

b)

Bild 54

JOSEPH LOUIS FRANCOIS BERTRAND
(11. 3. 1822–3. 4. 1900)

191. Einstmals erblickte in Neapel der ehrwürdige Galiani einen Mann aus Basilicata, der mit einem Würfelbecher spielte und wettete, daß er drei Sechsen werfen würde; und wirklich erzielte er sofort drei Sechsen. Dem Mann aus Basilicata gelang dies zum zweiten, dann zum dritten, vierten und fünften Male. »Beim Blute des Bacchus!« rief der Ehrwürdige aus. »Die Würfel sind mit Blei gefüllt!?« Weshalb bezichtigte der Ehrwürdige den Mann aus Basilicata der Gaunerei?

CHARLES LUTWIDGE DODGSON
(LEWIS CARROLL)
(27. 1. 1832–14. 1. 1898)

192. Zehn Münzen (Spielmarken) werden auf einer Fläche in zwei Reihen angeordnet (Bild 55). Es sind lediglich 4 Münzen in eine solche Lage zu verschieben, daß auf fünf verschiedenen Geraden jeweils 4 Münzen liegen.

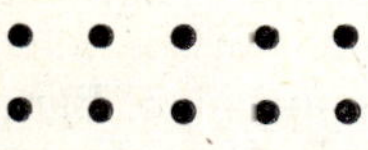

Bild 55

193. Ein König, der bemerkt hatte, daß sein Staatssäckel fast leer war und das übriggebliebene Geld sparsam ausgegeben werden mußte, wollte möglichst viele seiner weisen Ratgeber

davonjagen. Von ihnen hatte der König zu viele. Alle Weisen besaßen recht imposantes Äußeres, vornehmes graues Haar und trugen prächtige Mäntel aus grünem Samt mit goldenen Knöpfen. Das einzige, wessen man sie beschuldigen konnte, war die Widersprüchlichkeit der Ratschläge, die sie dem König zu beliebigen Fragen gaben, und die übermäßige Vorliebe für Essen und Trinken an der königlichen Tafel (alle Weisen besaßen einen wunderbaren Appetit!).

Doch nach einem Gesetz, welches kein König brechen konnte, hatten am Hofe immer so viele Weisen zu sein, daß sich unter ihnen unbedingt sieben auf beiden Augen Blinde, zwei auf einem Auge Blinde, fünf auf beiden Augen Sehende und neun auf einem Auge Sehende befanden. Wie viele Weise mußte der König am Hofe belassen, um die Forderungen des Gesetzes nicht zu verletzen?

194. Ein Mann wollte gar zu gern ins Theater gehen. Eine Eintrittskarte kostete 1 Shilling und 6 Pence, dieser Mann besaß aber nur 1 Shilling (1 Shilling sind 12 Pence). Nach kurzer Überlegung entschloß sich der Mann, seinen Shilling bei einem Geldverleiher anzulegen. Der Wucherer besah sich die Münze genau; nachdem er sich davon überzeugt hatte, daß sie nicht gefälscht war, gab er dem Mann als Pfand 9 Pence.

Mit 9 Pence und der Quittung über einen Shilling in der Tasche verließ der Mann den Geldverleiher und traf auf der Straße einen Freund, dem er die Quittung für 9 Pence anbot. Jetzt besaß der Mann 9 Pence von dem Wucherer und 9 Pence als Erlös vom Verkauf der Quittung. Diese Summe reichte gerade für die Eintrittskarte. Man gebe an, wer wieviel im Ergebnis aller Operationen verloren hat.

195. Jemand ging 5 Stunden spazieren. Zuerst lief er auf einer horizontalen Straße, dann stieg er auf einen Berg und kehrte schließlich auf dem alten Weg zum Ausgangspunkt zurück. Seine Bewegungsgeschwindigkeit betrug auf dem horizontalen Wegabschnitt 4 km/h, während des Aufstiegs auf den Berg 3 km/h, während des Abstiegs vom Berg 6 km/h. Gesucht ist der zurückgelegte Weg.

Georg Cantor
(3. 3. 1845–6. 1. 1918)

196. Wir betrachten ein abgeschlossenes Intervall der Länge ε ($\varepsilon \in R$ und $\varepsilon > 0$). Wir teilen es in drei kongruente Teile und entfernen das zentrale offene Intervall der Länge δ. Danach verbleiben uns zwei kongruente abgeschlossene Intervalle. Wir teilen jedes von ihnen in drei kongruente Teile und entfernen die zwei zentralen offenen Intervalle. Es verbleiben vier kongruente abgeschlossene Intervalle δ_1''', δ_2''', δ_3''', δ_4'''. Wir setzen diesen Konstruktionsprozeß bis ins Unendliche fort. Die Punktmenge, welche danach in dem gegebenen Intervall verbleibt, heißt die Cantorsche perfekte Menge oder das Cantorsche Diskontinuum. Es ist ihre Länge (ihr Maß) zu berechnen.

197. Wir tragen alle positiven rationalen Zahlen in eine Tabelle ein (Bild 56), die sich unendlich weit nach rechts und nach unten fortsetzt, und schreiben sie in der mit Pfeilen bezeichneten Reihenfolge als unendliche Folge:

$$\frac{1}{1}, \frac{2}{1}, \frac{1}{2}, \frac{3}{1}, \frac{2}{2}, \frac{1}{3}, \frac{4}{1}, \frac{3}{2}, \frac{2}{3}, \frac{1}{4}, \ldots.$$

Unter welcher Nummer steht die Zahl $\frac{p}{q}$?

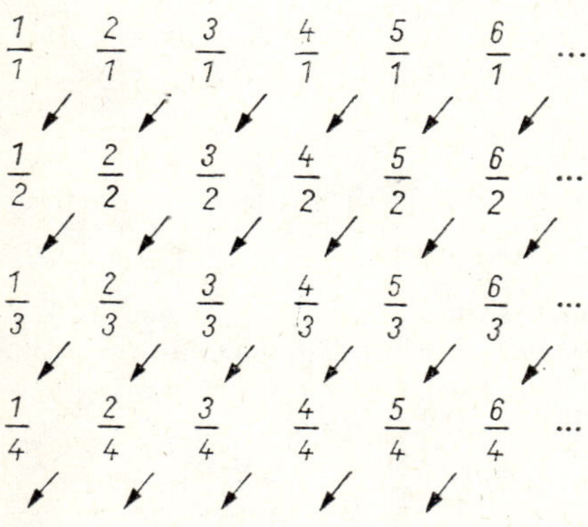

Bild 56

198. Wenn alle Elemente einer Menge mit natürlichen Zahlen durchnumeriert werden können, so heißt diese Menge abzählbar,

sie ist äquivalent zu der Menge N der natürlichen Zahlen. Zwei Mengen S und T heißen äquivalent (in Zeichen $S \sim T$), wenn sich jedem Element von S eindeutig ein Element von T und umgekehrt jedem Element von T eindeutig ein Element von S zuordnen läßt. Die Menge Q aller positiven rationalen Zahlen ist abzählbar, wie wir eben sahen.

Wir nehmen an, daß wir irgendwie alle reellen Zahlen, z. B. die dem Intervall [0, 1] angehörenden, numeriert und sie in eine unendliche Tabelle eingetragen hätten:

$$0, a_1\ a_2\ a_3 \ldots$$
$$0, b_1\ b_2\ b_3 \ldots$$
$$0, c_1\ c_2\ c_3 \ldots$$
$$0, d_1\ d_2\ d_3 \ldots$$
$$\ldots\ldots\ldots$$

Man konstruiere eine reelle Zahl $\alpha \in [0, 1]$, die nicht in diese Tabelle fällt, obwohl wir sie bis ins Unendliche fortsetzen.

199. Man wähle aus der Menge der natürlichen Zahlen N unendliche Teilmengen N_1, N_2, N_3 so aus, daß $N_1 \subset N_2 \subset N_3 \subset N$. Man beweise, daß $N \sim N_1 \sim N_2 \sim N_3$.

200. Man zeige graphisch, daß die Menge der Punkte einer beliebigen Strecke, z. B. einer Einheitsstrecke, der Menge der Punkte der gesamten Geraden äquivalent ist.

Wacław Sierpiński
(14. 3. 1882–21. 10. 1969)

201. Wir teilen ein Einheitsquadrat in 9 kongruente Quadrate und entfernen den Inhalt des mittleren Quadrates. Wir teilen jedes der übrigen Quadrate erneut in 9 kongruente Quadrate und entfernen wieder in jedem die Inhalte der zentralen Quadrate. Im dritten Schritt dieser Operation erhalten wir die in Bild 57 gezeigte Figur. Wenn wir diese Operation bis ins Unendliche fortsetzen, erhalten wir eine Figur, die als Sierpińskischer Teppich bezeichnet wird. Wie groß ist die Fläche des Sierpińskischen Teppichs?

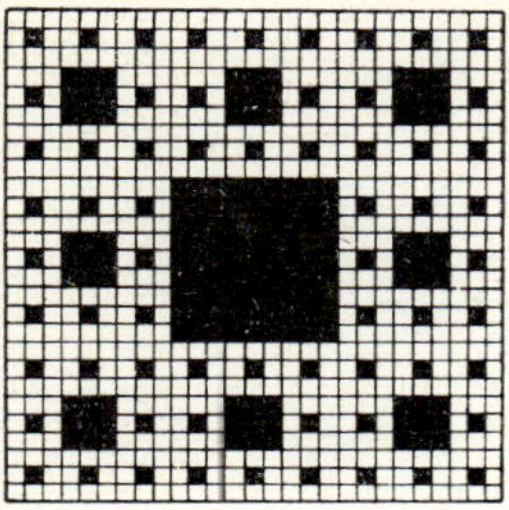

Bild 57

202. Wir teilen ein Einheitsquadrat in 25 kongruente Quadrate und entfernen von ihnen nur das zentrale $\left(\text{seine Fläche ist } \frac{1}{25}\right)$. Wir verlängern die Strecken, welche das entfernte Quadrat begrenzen, bis zum Schnitt mit den Seiten des großen Quadrates und konstruieren in jedem der vier gebildeten Quadrate und vier Rechtecke einander senkrechte Streifen der Breite $\frac{1}{25}$ (Bild 58). Wir entfernen 8 Quadrate, in denen sich die Streifen in den 4 Quadraten und 4 Rechtecken kreuzen. Die Fläche der entfernten Quadrate ist $\frac{8}{25^2}$. Im dritten Schritt führen wir dieselben Konstruktionen aus, um 64 Quadrate mit der Gesamtfläche von $\frac{64}{25^3}$ zu entfernen. Wie groß ist die Fläche dieser Variante des SIERPIŃSKIschen Teppichs?

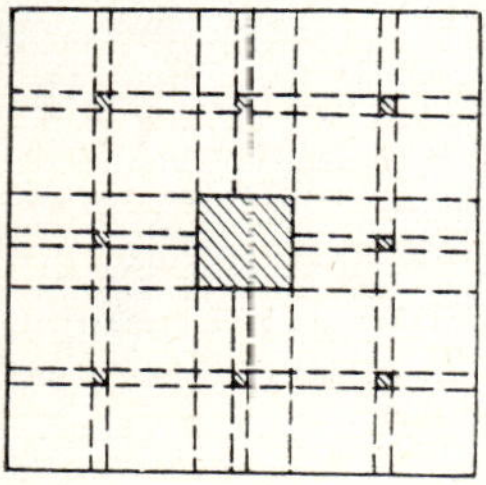

Bild 58

BARTHEL LEENDERT VAN DER WAERDEN
(geb. 1. 2. 1903)

203. Der Umfang eines gleichseitigen Dreiecks sei gleich 3. Wir teilen jede seiner Seiten in drei kongruente Strecken und

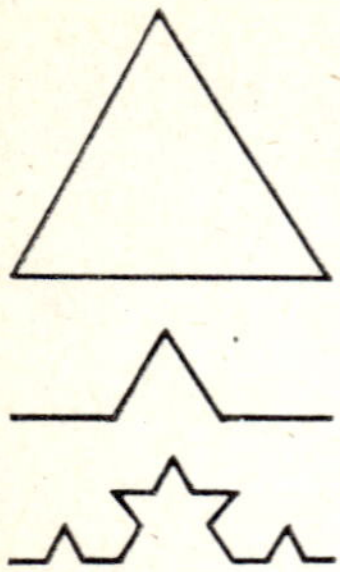

Bild 59

errichten auf den Außenseiten der mittleren Strecken neue gleichseitige Dreiecke. Jede Seite des sternförmigen Zwanzigecks teilen wir in drei kongruente Teile und errichten wiederum auf der Außenseite jeder der mittleren Strecken ein reguläres Dreieck. In der zweiten Etappe erhalten wir eine Linie, die in Bild 59 gezeigt wird. Wie groß ist der Umfang der Figur, wenn diese Operation bis ins Unendliche fortgesetzt wird?

Schon ein Tropfen Wasser reicht aus, um etwas über den gesamten Ozean erzählen zu können. Die moderne Mathematik hat jedoch solche Ausmaße erreicht, daß die Bekanntschaft selbst mit vielen einzelnen ihrer Disziplinen keine Vorstellung von dieser Wissenschaft in ihrer Gesamtheit gibt.

Mit der Entdeckung immer komplizierterer Naturgesetze durch den Menschen entstand die Aufgabe, einen leistungsfähigen mathematischen Apparat zu schaffen, der mit notwendigen Genauigkeiten die untersuchten Erscheinungen beschreibt. Der Mond z. B. führt bei seiner Orbitalbewegung äußerst komplizierte Schwingungen aus, da er zahlreichen konstanten und veränderlichen Störungen unterworfen ist. Deshalb enthält die Formel zur Beschreibung seiner Bewegung 700 Glieder. Noch kompliziertere Erscheinungen erwarteten die Wissenschaftler, als sie die Objekte und Prozesse des Mikro- und des Makrokosmos untersuchten und modellierten. Als äußerst kompliziert erwiesen sich die Gesetze der lebenden Materie. Es stellte sich heraus, daß die Begriffe und Methoden der klassischen Mathematik absolut unzureichend sind, um solche Objekte der realen Welt zu beschreiben.

Die Mathematik ist stets durch die Behandlung naturwissenschaftlicher und technischer Probleme um neue Begriffe und Methoden bereichert worden. Solche Ansätze wurden dann häufig zu ganzen Theorien ausgestaltet, die sich stürmisch entwickelten und in der Wissenschaft immer breitere Anwendung fanden. Es seien nur solche Gebiete der modernen Mathematik genannt wie Kybernetik, mathematische Logik, Algorithmentheorie, Operationsforschung, Spieltheorie, Theorie der unscharfen Mengen (Fuzzy-Mengen), Katastrophentheorie und andere. Einige davon entstanden erst vor einigen Jahrzehnten und enthalten bereits zahlreiche tiefgründige Ergebnisse. Aus durchaus verständlichen Gründen konnten viele wirklich hervorragende, aktuelle Aufgaben nicht auf den Seiten unseres Buches Platz finden. Es wird einer späteren Zeit vorbehalten sein, sie in populärwissenschaftlicher Form darzustellen.

Lösungen

176. • b) Ein Spezialfall der LAGRANGEschen Identität hat die Form

$$(x_1y_1 + x_2y_2)^2 = (x_1^2 + y_1^2)(x_2^2 + y_2^2) - (x_1y_2 - x_2y_1)^2. \tag{1}$$

Die Gültigkeit dieser Identität, wie auch der Identität a), ist leicht durch unmittelbares Überprüfen festzustellen. Die Gültigkeit der Identität in allgemeiner Form beweisen wir durch Induktion. Für $n = 2$ erhalten wir die Identität (1), die erfüllt ist. Wir nehmen an, daß die Identität b) auch bei einem gewissen $n \in N$ gültig ist, und beweisen ihre Richtigkeit für $n + 1$, d. h., wir zeigen, daß

$$\begin{aligned}&(x_1y_1 + x_2y_2 + \dots + x_ny_n + x_{n+1}y_{n+1})^2\\ &= (x_1^2 + x_2^2 + \dots + x_{n+1}^2)(y_1^2 + y_2^2 + \dots + y_n^2 + y_{n+1}^2)\\ &- (x_1y_2 - x_2y_1)^2 - \dots - (x_1y_n - x_ny_1)^2 - (x_1y_{n+1} - x_{n+1}y_1)^2\\ &- (x_2y_3 - x_3y_2)^2 - \dots - (x_2y_{n+1} - x_{n+1}y_2)^2 - \dots\\ &\qquad - (x_ny_{n+1} - x_{n+1}y_n)^2.\end{aligned} \tag{2}$$

Wenn wir von der linken Seite von (2) die linke Seite der Identität abziehen, welche für n erfüllt ist, so erhalten wir

$$x_{n+1}^2 y_{n+1}^2 - 2x_{n+1}y_{n+1}(x_1y_1 + x_2y_2 + \dots + x_ny_n). \tag{3}$$

Wenn wir von der rechten Seite der Gleichung (2) die rechte Seite der Gleichung abziehen, welche für n erfüllt ist, so erhalten wir

$$x_{n+1}^2(y_1^2+y_2^2+\dots+y_n^2)+y_{n+1}^2(x_1^2+x_2^2+\dots+x_n^2)$$
$$+x_{n+1}^2y_{n+1}^2-(x_1y_{n+1}-x_{n+1}y_1)^2-(x_2y_{n+1}-x_{n+1}y_2)^2-\dots$$
$$-(x_ny_{n+1}-x_{n+1}y_n)^2\,. \qquad (4)$$

Es bleibt noch die Identität der Ausdrücke (3) und (4) zu beweisen.

177. • $a^4+4=a^4+4a^2+4-4a^2=(a^2+2)^2-(2a)^2$ $=(a^2+2+2a)(a^2+2-2a)$, wobei $a^2+2+2a\neq 1$; $a^2+2-2a=(a-1)^2+1\neq 1$. Folglich besitzt a^4+4 zwei verschiedene Teiler, die von der Zahl selbst und von eins verschieden sind. Also ist die Zahl zusammengesetzt.

178. • Wenn M_1 und M_2 die Mittelpunkte der Diagonalen des Vierecks $ABCD$ sind (Bild 60), so gilt $S_{\triangle M_1AB}+S_{\triangle M_1CD}=$ $S_{\triangle M_1BC}+S_{\triangle M_1DA}$ und $S_{\triangle M_2AB}+S_{\triangle M_2CD}=S_{\triangle M_2BC}+S_{\triangle M_2DA}$. Wenn N der Mittelpunkt von $\overline{EF}$ ist, wobei E und F die Schnittpunkte gegenüberliegender Viereckseiten sind, so gilt $S_{\triangle NAB}=$ $\frac{1}{2}S_{\triangle FAB}$,

$$S_{\triangle NCD}=\frac{1}{2}S_{\triangle FCD}\,,\ S_{\triangle NBC}=\frac{1}{2}S_{\triangle EBC}\,,\ S_{\triangle NDA}=\frac{1}{2}S_{\triangle EDA}\,.$$

Hieraus folgt $S_{\triangle NAD}-S_{\triangle NCD}=\frac{1}{2}(S_{\triangle AED}-S_{\triangle FCD})=\frac{1}{2}S_{ABCD}$

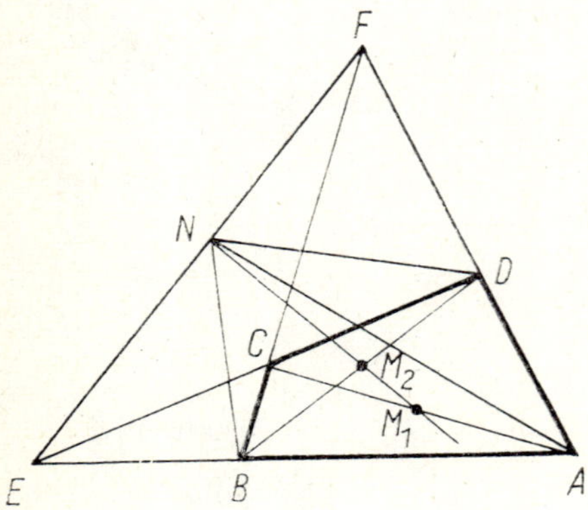

Bild 60

und $S_{\triangle NDA} - S_{\triangle NBC} = \frac{1}{2}(S_{\triangle EDA} - S_{\triangle EBC}) = \frac{1}{2} S_{ABCD}$,

das heißt $S_{\triangle NAB} - S_{\triangle NCD} = S_{\triangle NDA} - S_{\triangle NBC}$.

Daraus folgt, daß $N \in (M_1, M_2)$.

179. • In der ersten Zeile der Tabelle sind die Fassungsvermögen der drei Gefäße zu 12, 8 und 5 Pint angegeben, in den nächsten die Ergebnisse des Umfüllens des Weins in diese Gefäße.

12	8	5
12	0	0
4	8	0
4	3	5
9	3	0
9	0	3
1	8	3
1	6	5
6	6	0

180. • (Beweis von Cauchy). Zuerst beweisen wir die Ungleichung durch Induktion für alle Zahlen n des Typs 2^k. Danach folgern wir durch »umgekehrte Induktion« (durch Induktion nach unten) aus der Gültigkeit der Ungleichung für $n = 2^k$ ihre Gültigkeit für ein beliebiges positives ganzes n.

Es sei bemerkt, daß die Methode der umgekehrten Induktion (Induktion nach unten), bei welcher der Schluß nicht von n auf $n + 1$ (Induktion nach oben), sondern von $n + 1$ auf n geführt wird, von Cauchy vorgeschlagen wurde.

Es kann überprüft werden, daß die gegebene Ungleichung für $n = 2 = 2^1$, also für $k = 1$, Gültigkeit hat.

Wir nehmen an, daß die Ungleichung für eine gewisse ganze positive Zahl $n = 2^k$ gilt, d. h.

$$A_n = \frac{a_1 + a_2 + \dots + a_n}{n} \geqq \sqrt[n]{a_1 a_2 \dots a_n} \text{ mit } n = 2^k. \quad (1)$$

Wir zeigen, daß aus (1) die Ungleichung

$$A_{2n} = \frac{a_1 + a_2 + \dots + a_{2n}}{2n} \geqq \sqrt[2n]{a_1 a_2 \dots a_{2n}} \quad (2)$$

folgt. Aus (1) erhalten wir

$$A_{2n} = \frac{\frac{a_1 + a_2}{2} + \frac{a_3 + a_4}{2} + \dots + \frac{a_{2n-1} + a_{2n}}{2}}{n}$$

$$\geqq \sqrt[n]{\frac{a_1+a_2}{2}\cdot\frac{a_3+a_4}{2}\cdot\ldots\cdot\frac{a_{2n-1}+a_{2n}}{2}}. \tag{3}$$

Wegen

$$\frac{a_1+a_2}{2} \geqq \sqrt{a_1 a_2}\,, \quad \frac{a_3+a_4}{2} \geqq \sqrt{a_3 a_4}\,, \ldots$$

$$\ldots, \frac{a_{2n-1}+a_{2n}}{2} \geqq \sqrt{a_{2n-1} a_{2n}}$$

gilt

$$\sqrt[n]{\frac{a_1+a_2}{2}\cdot\frac{a_3+a_4}{2}\cdot\ldots\cdot\frac{a_{2n-1}+a_{2n}}{2}}$$

$$\geqq \sqrt[n]{\sqrt{a_1 a_2}\cdot\sqrt{a_3 a_4}\cdot\ldots\cdot\sqrt{a_{2n-1} a_{2n}}}\,. \tag{4}$$

Aus (3) und (4) folgt wegen der Transitivität des Verhältnisses »$\geqq$«:

$$\frac{\frac{a_1+a_2}{2}+\frac{a_3+a_4}{2}+\ldots+\frac{a_{2n-1}+a_{2n}}{2}}{n}$$

$$\geqq \sqrt[n]{\sqrt{a_1 a_2}\cdot\sqrt{a_3 a_4}\cdot\ldots\cdot\sqrt{a_{2n-1} a_{2n}}}\,,$$

oder

$$\frac{a_1+a_2+\ldots+a_{2n}}{2n} \geqq \sqrt[2n]{a_1 a_2 \ldots a_{2n}}\,.$$

Wir haben die Ungleichung (2) erhalten, d. h. die Richtigkeit für $n = 2^{k+1}$. Es ist nun der Satz noch für ein n, das nicht in der Form 2^k dargestellt werden kann, zu beweisen. Zu diesem Zweck zeigen wir, daß aus der Ungleichung

$$\frac{a_1+a_2+\ldots+a_n}{n} \geqq \sqrt[n]{a_1 a_2 \ldots a_n} \tag{5}$$

die Ungleichung

$$\frac{a_1+a_2+\ldots+a_{n-1}}{n-1} \geqq \sqrt[n-1]{a_1 a_2 \ldots a_{n-1}} \tag{6}$$

folgt. Es sei

$$a_1 = b_1\,,\ a_2 = b_2\,, \ldots, a_{n-1} = b_{n-1}\,. \tag{7}$$

Unter Berücksichtigung von (7) bestimmen wir a_n aus der Gleichung

$$\frac{a_1 + a_2 + \ldots + a_n}{n} = \frac{b_1 + b_2 + \ldots + b_{n-1}}{n-1} \tag{8}$$

$$a_n = \frac{b_1 + b_2 + \ldots + b_{n-1}}{n-1}. \tag{9}$$

Dann erhält infolge der Verhältnisse (7), (8) und (9) die Ungleichung (5) die Form

$$\frac{b_1 + b_2 + \ldots + b_{n-1}}{n-1} \geqq \sqrt[n]{b_1 b_2 \ldots b_{n-1} \frac{b_1 + b_2 + \ldots + b_{n-1}}{n-1}}. \tag{10}$$

Wir erheben beide Seiten von (1) in die n-te Potenz und erhalten

$$\left(\frac{b_1 + b_2 + \ldots + b_{n-1}}{n-1}\right)^n \geqq b_1 b_2 \ldots \ldots b_{n-1} \frac{b_1 + b_2 + \ldots + b_{n-1}}{n-1}. \tag{11}$$

Wir teilen beide Seiten von (11) durch $\frac{b_1 + b_2 + \ldots + b_{n-1}}{n-1}$ und erhalten

$$\left(\frac{b_1 + b_2 + \ldots + b_{n-1}}{n-1}\right)^{n-1} \geqq b_1 b_2 \ldots b_{n-1}.$$

Daraus folgt

$$\frac{b_1 + b_2 + \ldots + b_{n-1}}{n-1} \geqq \sqrt[n-1]{b_1 b_2 \ldots b_{n-1}},$$

was zu beweisen war. Die Gleichheit gilt, wenn $b_1 = b_2 = b_3 = \ldots = b_{n-1}$.

Im zweiten Teil des Beweises schlossen wir von einem beliebigen n, darunter $n = 2^k$, auf $n - 1$. Ist dies zulässig? Ja, denn die Gültigkeit der gegebenen Ungleichung war durch direkte Induktion für beliebige Zahlen des Typs 2^k bewiesen worden, darunter auch für beliebig große. Offensichtlich können wir für jedes n eine Zahl $2^k > n$ auswählen und danach, durch schrittweisen Übergang von jeder Zahl zur vorhergehenden (was aufgrund des oben Bewiesenen möglich ist), den benötigten Wert n erreichen.

181. • Diese Ungleichung folgt unmittelbar aus der LAGRANGEschen Identität (s. Aufgabe 176b). Tatsächlich erhalten wir die CAUCHY-BUNJAKOWSKIsche Ungleichung, wenn wir in der rechten Seite der LAGRANGEschen Identität alle Summanden des Typs $(x_i y_j - x_j y_i)^2$ streichen.

Man kann auch so vorgehen: Wenn $x_1 = x_2 = \ldots = x_n = 0$, so gilt offensichtlich die Gleichheit. Wenn von den $x_1, x_2, \ldots, x_n$ wenigstens eins von Null verschieden ist, so erhalten wir:

$$(zx_1 + y_1)^2 + (zx_2 + y_2)^2 + \ldots + (zx_n + y_n)^2$$
$$= (z^2x_1^2 + 2zx_1y_1 + y_1^2) + (z^2x_2^2 + 2zx_2y_2 + y_2^2) +$$
$$\ldots + (z^2x_n^2 + 2zx_ny_n + y_n^2) = Az^2 + 2Bz + C\,, \quad (1)$$

$$\text{wobei } A = x_1^2 + x_2^2 + \ldots + x_n^2,\ B = x_1y_1 + x_2y_2 +$$
$$\ldots + x_ny_n,\ C = y_1^2 + y_2^2 + \ldots + y_n^2\,. \quad (2)$$

Da die linke Seite der Gleichung (1) eine Quadratsumme darstellt, so ist diese nichtnegativ. Folglich ist auch ihre rechte Seite, d. h. $Az^2 + 2Bz + C$, für ein beliebiges z nichtnegativ:

$$Az^2 + 2Bz + C \geqq 0\,. \quad (3)$$

Es sei $z = -\dfrac{B}{A}$, dann erhält (3) die Form

$$A\,\frac{B^2}{A^2} - 2B\,\frac{B}{A} + C \geqq 0, \text{ oder } \frac{A \cdot C - B^2}{A} \geqq 0\,,$$

also $A \cdot C - B^2 \geqq 0$, oder

$$A \cdot C \geqq B^2\,. \quad (4)$$

Setzen wir in (4) statt A, B und C deren Werte aus (2) ein, erhalten wir die CAUCHY-BUNJAKOWSKIsche Ungleichung. Sie kann auch durch vollständige Induktion bewiesen werden.

182. • Wenn das MÖBIUSsche Band entlang der Mittellinie zerschnitten wird, so zerfällt es nicht in zwei Streifen, sondern wird in einen langen Streifen verwandelt. Wenn es entlang zweier Linien zerschnitten wird, welche den Streifen in drei gleiche Teile teilen, so erhalten wir im Ergebnis zwei miteinander verbundene Schleifen – eine große und eine kleine. Wenn wir die kleinere Schleife entlang der Mittellinie zerschneiden, erhalten wir noch eine große Schleife, die mit der anderen großen Schleife verbunden ist.

183. • Wir errichten $\overline{CK}$ und $\overline{AK}$ (Bild 61). Durch den willkürlichen Punkt H ($H \in CK$) legen wir HB und HA, $HB \cap KA = E$, $CE \cap AH = F$. FK ist die gesuchte Gerade.

184. • Durch den willkürlichen Punkt H ($H \notin AC$) legen wir die Geraden HA und HC (Bild 61). Sie schneiden die andere Gerade in den Punkten F und K. Wir errichten FC und KA, $FC \cap KA = E$. Wir legen HE durch H. Dann ist $|AB| = |BC|$.

185. • Wir halbieren eine willkürliche Strecke, die auf einer der gegebenen parallelen Geraden liegt (siehe die vorhergehende Aufgabe), dann läßt sich die Aufgabe auf Nr. 183 zurückführen.

186. • Wir zeichnen MA und MB (Bild 62). Als deren Schnittpunkte mit dem Kreis erhalten wir entsprechend die Punkte A_1 und B_1; $A_1B \cap AB_1 = C$, MC ist die gesuchte Gerade.

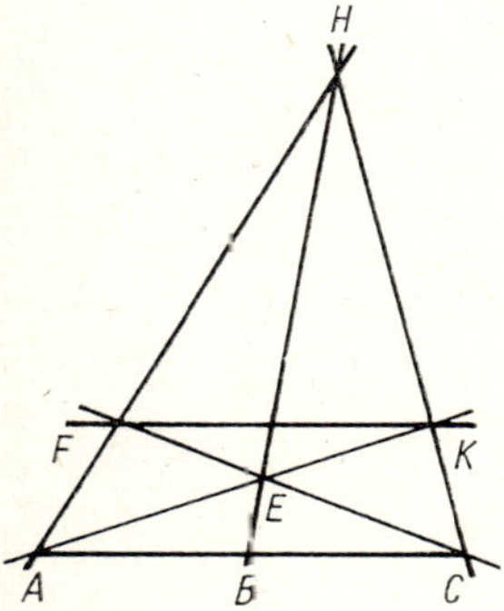

Bild 61

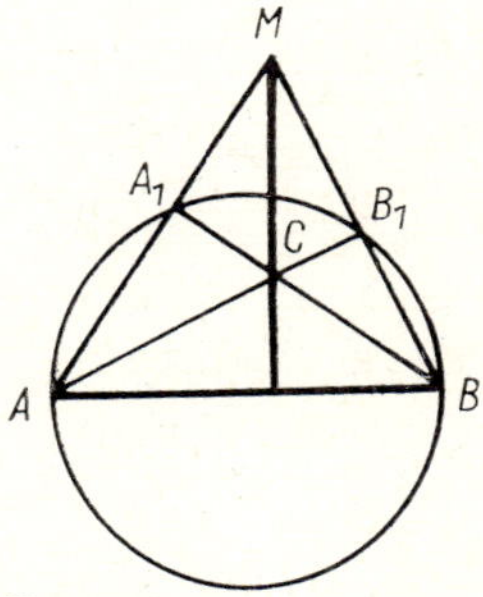

Bild 62

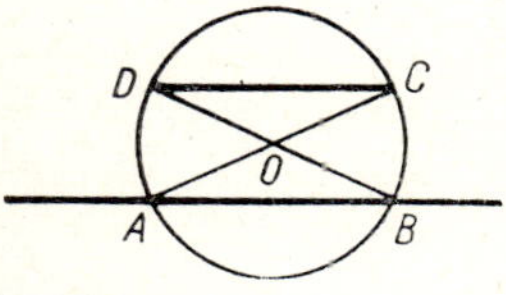

Bild 63

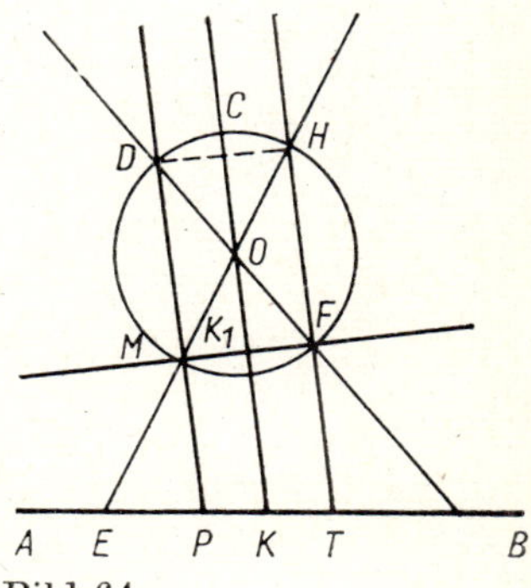

Bild 64

187. • a) Es verlaufe AB durch den Mittelpunkt des Hilfskreises, und A und B liegen auf dem Kreis, dann führt die Aufgabe auf Nr. 186. b) Die Gerade schneidet den Hilfskreis, verläuft aber nicht durch seinen Mittelpunkt. Dann konstruieren wir die Durchmesser AC und BD (Bild 63), $CD \parallel AB$. c) Die gegebene Gerade befindet sich außerhalb des Kreises (Bild 64). Durch einen beliebigen Punkt C auf dem Kreis und durch dessen Mittelpunkt legen wir eine Gerade, $CO \cap AB = K$. Durch einen zweiten beliebigen Punkt D auf dem Kreis legen wir eine zu CK parallele Gerade und zeichnen die Geraden DO, HO und HF. Wegen $\overline{KC} \parallel \overline{DP}$ gilt $|\sphericalangle DOC| = |\sphericalangle MOK_1| = |\sphericalangle K_1OF|$; $\triangle MOK_1 \cong \triangle OK_1F$ und $|MK_1| = |K_1F|$. Aus der Beziehung $\triangle OHF \cong \triangle DOM$ folgt $HF \parallel DM \parallel K_1C$, deshalb ist $|PK| = |KT|$. Also haben wir auf AB drei solche Punkte P, K und T gefunden, daß $|PK| = |KT|$.

Die Aufgabe ist auf eine uns bereits bekannte zurückgeführt (s. Aufgabe 183). Der letzte Fall enthält auch den Fall, daß AB den Hilfskreis berührt. Die Lage von K bezüglich des Kreises hat keine Bedeutung.

188. • Es sei $|AB| = S$ die Summe der Katheten und $|AC| = a$, $|BD| = a_1$ (Bild 65). $|CF| + |FD|$ wird am kleinsten sein, wenn $|\sphericalangle AFC| = |\sphericalangle BFD|$, das heißt im Fall der Ähnlichkeit der Dreiecke. Dann ist $(c + c_1)^2 = (a + a_1)^2 + (b + b_1)^2$; wenn aber die Dreiecke nicht ähnlich sind, so gilt $(c + c_1)^2 > (a + a_1)^2 + (b + b_1)^2$.

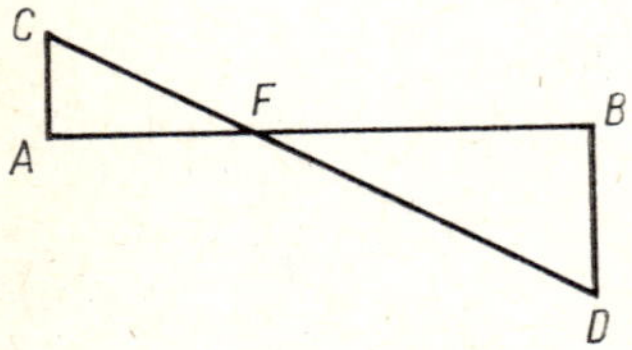

Bild 65

189. • Laut Definition der Größen $B_1, B_2, \ldots, B_n$ gilt:

$$b_1 = B_1,\ b_2 = B_2 - B_1,\ b_3 = B_3 - B_2, \ldots,$$
$$b_n = B_n - B_{n-1}\,.$$

Deshalb ist

$$a_1b_1 + a_2b_2 + \ldots + a_nb_n = a_1B_1 + a_2(B_2 - B_1) + a_3(B_3 - B_2) + \ldots + a_n(B_n - B_{n-1}),$$

oder anders gruppiert:

$$a_1b_1 + a_2b_2 + \ldots + a_nb_n = (a_1 - a_2)\, B_1 + (a_2 - a_3)\, B_2 + \ldots + (a_{n-1} - a_n)\, B_{n-1} + a_nB_n\,,$$

was zu beweisen war.

190. • Die Figur *a* kann nicht in einem Zug gezeichnet werden, sie besitzt acht ungeradzahlige Punkte. Die weitaus kompliziertere Figur *b* kann ohne Absetzen des Bleistiftes gezeichnet werden. Sie besitzt nur zwei ungeradzahlige Knotenpunkte, die fünffache Punkte sind.

191. • Die Wahrscheinlichkeit des Fallens einer Sechs bei einem Wurf eines Würfels beträgt $\frac{1}{6}$, dreier Sechsen bei einem Wurf dreier Würfel $\left(\frac{1}{6}\right)^3 = \frac{1}{216}$. Die Wahrscheinlichkeiten der Wiederholung einer solchen Situation bei den folgenden Würfen betragen beim zweiten Wurf $\left(\frac{1}{6}\right)^6 = 1:46656$, beim dritten $\left(\frac{1}{6}\right)^9 = 1:10077696$, beim vierten $\left(\frac{1}{6}\right)^{12} = 1:2176782336$ und beim fünften $\left(\frac{1}{6}\right)^{15} = 1:470184984576$.

Die betrachteten Ereignisse (das Fallen dreier Sechsen) werden sehr schnell immer unwahrscheinlicher.

192. • Es genügt, eine Münze aus der ersten Reihe und 3 Münzen aus der zweiten Reihe zu verschieben (Bild 66). Die Aufgabe hat bis zu 300 verschiedene Lösungen.

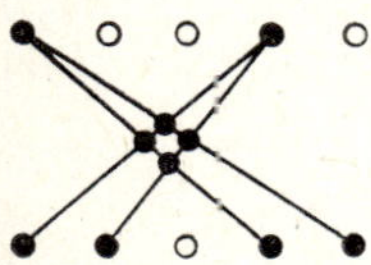

Bild 66

193. • Lewis Carroll gab die Lösung in Versen an. In Prosa kann diese Lösung folgendermaßen wiedergegeben werden. Der König konnte das strenge Gesetz umgehen, indem er sieben blinde und fünf sehende Weise doppelt zählte. Der König meinte, daß ein auf zwei Augen Blinder offensichtlich auch auf einem Auge blind sei; wer mit beiden Augen zugleich sehen kann, vermag auch mit einem Auge zu blicken. Deshalb verblieben nur sechzehn Weise am Hofe, um der königlichen Kasse Verluste zu bereiten.

194. ▼ Sie denken natürlich, daß der Freund des eifrigen Theaterliebhabers den Verlust zu tragen hatte und daß er 6 Pence verlor. Mein junger Freund! Ihre Antwort ist falsch, macht Ihnen aber Ehre, da sie zeigt, daß Sie nicht die geringste Vorstellung davon haben, wie die Wucherer vorgehen: In ihrer Lösung gingen Sie ja davon aus, daß die Geldverleiher ihr Geschäft uneigennützig betreiben würden! (Antwort CARROLLS).

195. ● Es sei x die in beiden Richtungen zurückgelegte Entfernung, y die Länge des geneigten Wegabschnittes. Die Zeit, die für den Spaziergang in beiden Richtungen gebraucht wurde, beträgt:

$$\frac{1}{4}\left(\frac{1}{2}x-y\right)+\frac{y}{3}+\frac{y}{6}+\frac{1}{4}\left(\frac{1}{2}x-y\right)=5.$$

Also ist

$$\frac{1}{4}x=5, \quad x=20.$$

Im Allgemeinfall ist die Aufgabe unbestimmt, und nur dann, wenn der Koeffizient bei y gleich Null ist, hat sie eine eindeutige Lösung.

196. ● $$|\delta_1'|=\frac{|\varepsilon|}{3}, \quad |\delta_1''|+|\delta_2''|=\frac{2|\varepsilon|}{3^2}=\frac{2}{3}\cdot\frac{|\varepsilon|}{3},$$

$$|\delta_1'''|+\ldots+|\delta_4'''|=\frac{2^2|\varepsilon|}{3^3}=\left(\frac{2}{3}\right)^2\frac{|\varepsilon|}{3}.$$

In unserem Prozeß werden nach jedem n-ten Schritt kongruente Intervalle $\delta_1^{(k)}, \delta_2^{(k)}, \ldots, \delta_{2^{k-1}}^{(k)}$ gebildet, deren Summe $\left(\frac{2}{3}\right)^{k-1}\frac{|\varepsilon|}{3}$ beträgt. Deshalb ist die Summe der Längen aller entfernten Intervalle bei unendlicher Fortsetzung des Prozesses gleich:

$$\frac{|\varepsilon|}{3}+\frac{2}{3}\frac{|\varepsilon|}{3}+\left(\frac{2}{3}\right)^2\frac{|\varepsilon|}{3}+\ldots+\left(\frac{2}{3}\right)^n\frac{|\varepsilon|}{3}+\ldots$$

$$=\frac{|\varepsilon|}{3}\left(1+\frac{2}{3}+\left(\frac{2}{3}\right)^2+\ldots+\left(\frac{2}{3}\right)^n+\ldots\right)$$

$$=\frac{|\varepsilon|}{3}\cdot\frac{1}{1-\frac{2}{3}}=|\varepsilon|.$$

Das Maß der CANTORschen perfekten Menge beträgt also $|\varepsilon|-|\varepsilon|=0$.

197. ▾ Die Zahl $\frac{p}{q}$ erscheint unter der Nummer:

$$\frac{1}{2}(p+q-1)(p+q-2)+q\,.$$

198. • Wir konstruieren die Zahl α wie folgt: $\alpha = 0, a\,b\,c\,d\,\ldots$, wobei die Ziffer a der Zahl α ungleich 0, 1 und a_1 ist, die Ziffer b ungleich 0, 1 und b_2, $c \neq 0$, 1 und c_3, $d \neq 0$, 1 und d_4 usw. Dann ist α ungleich der ersten Zahl unserer Tabelle, da sie sich von jener in der ersten Ziffer nach dem Komma unterscheidet, ungleich der zweiten Zahl, da sie sich davon in der zweiten Ziffer unterscheidet, usw.; sie gehört aber dem Intervall [0, 1] an. Damit ist bewiesen, daß R und ein beliebiges Intervall $[r_1, r_2] \subset R$ nicht abzählbar sind.

199. • $N = \{1, 2, 3, 4, 5, 6, \ldots, n, \ldots\}$.
Wir bestimmen N_1, N_2, N_3 folgendermaßen: $N_1 = \{10^2, 10^4, 10^8, \ldots\}$, $N_2 = \{10, 10^2, 10^3, \ldots\}$, $N_3 = \{5, 10, 15, 20, 25, \ldots\}$. Offensichtlich gilt $N_1 \subset N_2 \subset N_3$. Wir zeigen, daß $N \sim N_1$. Wir bestimmen eineindeutige Beziehungen zwischen den Elementen von N und N_1:

$$\begin{array}{cccccccc} 1 & 2 & 3 & 4 & 5 & \ldots & n & \ldots \\ \updownarrow & \updownarrow & \updownarrow & \updownarrow & \updownarrow & & \updownarrow & \\ 10^2 & 10^4 & 10^8 & 10^{16} & 10^{32} & \ldots & 10^{2^n} & \ldots \end{array}$$

Die Äquivalenzen $N \sim N_2$, $N \sim N_3$, $N_2 \sim N_1$, $N_2 \sim N_3$, $N_1 \sim N_3$ sind ebenfalls leicht festzustellen. Es gilt also einerseits $N_1 \subset N_2 \subset N_3 \subset N$ und andererseits $N_1 \sim N_2 \sim N_3 \sim N$. Dies ist eine der vielen unerwarteten Beziehungen zwischen unendlichen Mengen.

200. • Bild 67

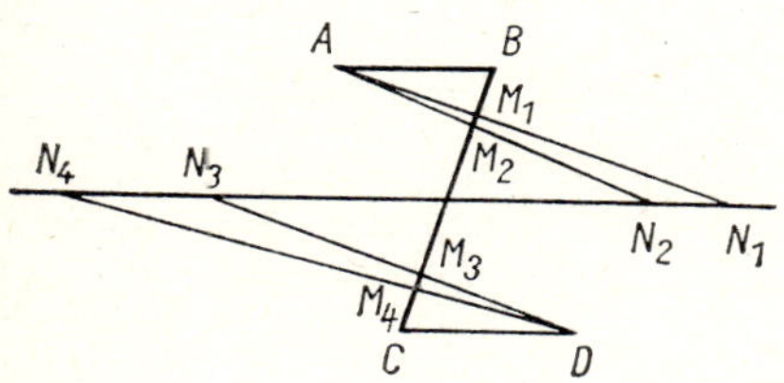

Bild 67

201. • Im ersten Schritt entfernen wir ein Quadrat, dessen Fläche gleich $\frac{1}{9}$ ist, die Fläche der im zweiten Schritt entfernten

Quadrate beträgt $8 \cdot \frac{1}{81}$, danach verbleibt eine Figur mit dem Flächeninhalt $\frac{8}{9} - \frac{8}{81} = \frac{64}{81} = \left(\frac{8}{9}\right)^2$; nach dem n-ten Schritt verbleibt eine Figur mit der Fläche $\left(\frac{8}{9}\right)^n$. Da jedoch $\lim_{n \to \infty} \left(\frac{8}{9}\right)^n = 0$, ist die Fläche des SIERPIŃSKIschen Teppichs gleich Null.

202. • Jetzt werden aus der Fläche des Einheitsquadrates Quadrate entfernt, deren Flächen (in jeder Etappe) eine geometrische Reihe bilden:

$$\frac{1}{25}, \frac{8}{25^2}, \frac{8^2}{25^3}, \ldots, \frac{8^n}{25^{n+1}}, \ldots.$$

Ihre Summe beträgt $\frac{1}{17}$. Folglich wird die Fläche der neuen Variante des SIERPIŃSKIschen Teppichs niemals kleiner als $\frac{16}{17}$.

203. • Der Umfang des Dreiecks beträgt 3, der Umfang der Figur nach der ersten Konstruktion ist gleich 4, nach der zweiten $\frac{48}{9}$, nach der dritten $\frac{192}{27}$. Die Folge der Umfänge kann so geschrieben werden:

$$3 = 3 \cdot \left(\frac{4}{3}\right)^0, \; 4 = 3 \cdot \frac{4}{3}, \; \frac{48}{9} = 3 \cdot \left(\frac{4}{3}\right)^2,$$

$$\frac{192}{27} = 3 \cdot \left(\frac{4}{3}\right)^3, \ldots$$

Nach der n-ten Konstruktion erhalten wir eine Figur, deren Umfang gleich $3 \cdot \left(\frac{4}{3}\right)^n$ ist. Wegen $\lim_{n \to \infty} 3 \cdot \left(\frac{4}{3}\right)^n = \infty$ hat die Linie van der WAERDENS eine unendliche Länge, obwohl sie ganz in einem begrenzten Gebiet liegt.

Mathematik im vorrevolutionären Rußland und in den Gebieten der heutigen UdSSR

Bei der Betrachtung der Mathematik in den Ländern des Islam erwähnten wir die bedeutenden Gelehrten AL-ḪWĀRIZMĪ, AL-FĀRĀBĪ, ABŪ-L-WAFA und AL-BĪRŪNĪ.

Im 7. Jh. lebte und wirkte der hervorragende armenische Astronom, Geograph und Mathematiker Anania SCHIRAKAZI, im 13. Jh. der aserbaidshanische Mathematiker und Astronom Muhammad NASĪR-AD-DIN AṬ-ṬŪSĪ (17. 2. 1201—25. 4. 1274). In den 20er Jahren des 13. Jh. erlebten die Völker Mittelasiens, wie auch die Slawen, eine verheerende Invasion durch die Horden des CHINGIZ-ḪĀN (Dschingis-Chan).

Aus den Zeiten der Blüte und des Verfalls der Kiewer Rus (9.—12. Jh.) sind die ersten Zeugnisse über die Entwicklung der Mathematik, insbesondere des arithmetischen Wissens der slawischen Völker, erhalten. Das altslawische alphabetische Zahlensystem beruhte auf der kyrillischen und der glagolitischen Schrift. Die größte Verbreitung fand das kyrillische Zahlensystem. Quellen aus dem 11. Jh. beweisen auch die Kenntnis des indischen Zahlensystems. Das älteste erhalten gebliebene mathematische Werk ist die »Lehre, die dem Menschen über alle Jahreszahlen Wissen gibt«. Sie wurde von Kirik NOWGORODSKI (geb. 1100) verfaßt und ist der Zeitrechnung gewidmet. Von dem hohen Niveau des mathematischen Wissens der Völker der Alten Rus zeugen die berühmten architektonischen Denkmäler Kiews und anderer Städte.

Die tatarisch mongolische Invasion des 13.—15. Jh. bereitete der ökonomischen und kulturellen Entwicklung Rußlands gewaltige Rückschläge. Alle Kräfte des Volkes waren auf die Abwehr der Eroberer gerichtet. Unter dem Preis größter Opfer hielt Rußland die tatarischen Horden auf und schützte wie ein Schild Europa. So konnten sich dort günstige Bedingungen für die weitere Entwicklung von Wissenschaft, Technik und Kultur herausbilden. Erst nach dem endgültigen Sturz der Tatarenherrschaft 1480 verschwand allmählich deren Einfluß, und die

Nikolai Iwanowitsch Lobatschewski. Der russische Mathematiker, der sich zugleich um die Entwicklung der Universität Kasan bedeutende Verdienste erwarb, wurde neben dem Deutschen Carl Friedrich Gauß und dem Ungarn János Bolyai zum Begründer der nichteuklidischen Geometrie.

Mathematik nahm aus praktischen Aufgaben heraus eine weitere Entwicklung. Es entstanden viele mathematische Handschriften. Darin wurden Denksportaufgaben, Aufgaben zur Zeitbestimmung, zu Problemen der Bewegungen und zur Berechnung von Reihen gestellt. Es gab auch Aufgaben, die auf diophantische Gleichungen führten. Interessant ist, daß wir in den altrussischen mathematischen Handschriften Aufgaben »über Geld im Haufen zu wissen« finden. Dies sind spezifische Analogien zu den altägyptischen Aufgaben zur Berechnung des »hau«.

Ein echter Aufschwung der Mathematik in Rußland fiel jedoch erst in die Jahre der reformatorischen Tätigkeit PETERS I.

Das Wirken PETERS I. und seiner Mitstreiter förderte den wissenschaftlichen Fortschritt im Land.

In der Navigationsschule arbeitete Leonti Filippowitsch MAGNIZKI (19. 6. 1669—30. 10. 1739), einer der ersten Lehrer der russischen Jugend auf dem Gebiet der Mathematik. Für die Schüler dieser Schule wurde 1703 in Moskau die berühmte »Arithmetik« MAGNIZKIS gedruckt. Der umfangreiche Band mit 662 Seiten erschien in einer für diese Zeit bemerkenswert hohen Auflage von 2400 Exemplaren. MAGNIZKIS Werk war eine echte Enzyklopädie. Neben der Darstellung der Regeln zu den Grundrechenarten wurden darin Fragen der angewandten Arithmetik betrachtet, insbesondere ihre Anwendung in der Kriegskunst, der Technik und dem Handel. Das Buch spielte eine große Rolle bei der Verbreitung mathematischen Wissens in Rußland und stellte über 50 Jahre lang das grundlegende Mathematiklehrbuch dar.

1724 bestätigte PETER I. den Entwurf des Statuts der Petersburger Akademie der Wissenschaften. Von 23 Akademiemitgliedern, die in den ersten Jahren der Tätigkeit der Akademie berufen wurden, waren 7 Mathematiker, unter ihnen Jakob HERMANN (16. 7. 1678—14. 7. 1733), Christian GOLDBACH (18. 3. 1690—1. 12. 1764), die Brüder Nicolaus II. (27. 1. 1695—9. 8. 1726) und Daniel BERNOULLI (8. 2. 1700—17. 3. 1782), Söhne des berühmten Johann BERNOULLI aus Basel. Die Brüder BERNOULLI unterstützten die Übersiedlung ihres jungen Landsmannes Leonhard EULER (15. 4. 1707—18. 9. 1783) nach Petersburg. Auch er hatte in seiner Heimat keine Anstellung gefunden. Der erste Band wissenschaftlicher Abhandlungen der Gelehrten der Petersburger Akademie aus dem Jahre 1726 erschien 1728. Die Petersburger Akademie hatte einen großen Einfluß auf den

Fortschritt des mathematischen Wissens in ganz Westeuropa. Rußland wurde sehr bald eine »mathematische Großmacht«.

Nach dem Tode EULERS nahm das Niveau der mathematischen Forschung an der Petersburger Akademie zeitweilig ab, doch 1828 wurden Michail Wassiljewitsch OSTROGRADSKI (24. 9. 1801 bis 1. 1. 1862) und Viktor Jakowlewitsch BUNJAKOWSKI (16. 12. 1804—12. 12. 1889) Adjunkten der Akademie. Sie konnten das internationale Ansehen der russischen Mathematik wieder erhöhen. M. W. OSTROGRADSKI erzielte wichtige Ergebnisse auf den verschiedensten Gebieten der Mathematik und der Mechanik — Analysis, höhere Algebra, analytische Mechanik, mathematische Physik und Ballistik. Ebenso vielseitig war auch die Tätigkeit V. J. BUNJAKOWSKIS. Er trug wesentlich zur Entwicklung der Zahlentheorie und der Wahrscheinlichkeitstheorie bei.

Zur selben Zeit, als an der Akademie wieder ein Aufschwung eintrat, lehrte und forschte in Kasan N. I. LOBATSCHEWSKI, dessen epochale Entdeckung bereits erwähnt wurde. Breite internationale Anerkennung fand die Tätigkeit des genialen russischen Mathematikers Pafnuti Lwowitsch TSCHEBYSCHEW (16. 5. 1821—8. 12. 1894). Er löste eine Reihe schwieriger Probleme der Zahlentheorie, leistete viel für die Entwicklung der Wahrscheinlichkeitstheorie und die Konstruktion verschiedener Mechanismen, lieferte vorzügliche Beispiele der Anwendung der Mathematik in Technik, mathematischer Physik und Artilleriewesen.

Alle erwähnten Wissenschaftler verbanden die Forschungsarbeit mit akademischer Lehre, sie popularisierten mathematisches Wissen und bildeten aktive schöpferische Fachleute heran: Mathematiker, Ingenieure, gelehrte Flottenführer und Artilleristen für die russische Armee.

Das 19. Jh. ist in der Geschichte der Mathematik reich an ruhmvollen Namen. In die zweite Hälfte dieses Jahrhunderts fällt das Wirken der Mathematikerin Sophia Wassiljewna KOWALEWSKAJA (15. 1. 1850—10. 2. 1891). Ihr geistiger Bruch mit ihrer Klasse, der energische Kampf um das Recht, als Frau studieren und für das Wohl des Volkes arbeiten zu können, wurden zum Vorbild für viele russische Frauen auf dem Weg zu wissenschaftlicher und gesellschaftlicher Tätigkeit. S. W. KOWALEWSKAJA schuf bedeutende Arbeiten auf dem Gebiet der partiellen Differentialgleichungen und der mathematischen Physik.

Aufgaben

Abū 'Abdallah Muḥammad Ibn Mūsā Al-Maǧūsī Al-Ḫwārizmī (787– um 850)

204. Das Quadrat einer Unbekannten und das Zehnfache der Unbekannten ergeben zusammen 39 Dirham (Dirham war eine Silbermünze des mittelalterlichen Orients). Wie groß ist die Unbekannte (graphische Lösung)?

205. Anderthalb Dirham sind so zwischen einem Mann und noch einigen Leuten aufzuteilen, daß der Mann so viel erhält wie zwei der übrigen Leute. Wie viele Leute waren es außer dem Mann?

206. Ein dreieckiges Grundstück hat zwei Seiten zu zehn Ellen und eine dritte zu 12 Ellen, in der Mitte der dreieckigen Fläche liegt ein quadratisches Grundstück. Gesucht ist die Seite des Quadrates.

Anania Schirakazi (Mitte des 7. Jh.)

207. Ein Händler ging durch drei Städte. In der ersten Stadt gab er die Hälfte und ein Drittel seines Eigentums aus, in der zweiten die Hälfte und ein Drittel dessen, was er übrigbehalten hatte, in der dritten wiederum die Hälfte und ein Drittel dessen, was er noch bei sich hatte. Als er nach Hause kam, waren 11 Groschen übriggeblieben. Wieviel Groschen besaß der Händler zu Beginn?

208. In Athen gab es eine Zisterne mit drei Rohren. Das erste Rohr konnte die Zisterne in einer Stunde füllen, das zweite in zwei Stunden, das dritte in drei. In welchem Teil einer Stunde konnten alle 3 Rohre zusammen die Zisterne füllen?

Abū-r-Raiḥān Muḥammad Ibn Aḥmad al-Bīrūnī (973– um 1050)

209. Aus der Kenntnis der Höhe eines Berges, der sich in freier ebener Landschaft befindet, ist der Erdradius zu bestimmen.

210. Man berechne die Länge der Sehne eines Einheitskreises, die einen Winkel von 20° aufspannt.

Leonhard Euler (15. 4. 1707–18. 9. 1783)

211. Gesucht sind die rationalen Lösungen der Gleichung $x^y = y^x$.

212. In jedem beliebigen Viereck ist die Quadratsumme der Seiten gleich der Quadratsumme seiner Diagonalen plus dem vierfachen Quadrat der Strecke, die die Mittelpunkte der Diagonalen verbindet.

In der Geometrie sind viele Begriffe nach Euler benannt. Teilt man die Strecken, die von den Ecken eines Dreiecks zum Höhenschnittpunkt verlaufen, in der Mitte, so erhält man die drei Eulerschen Punkte. Die Gerade, die durch den Höhenschnittpunkt eines Dreiecks und den Schnittpunkt der Mittelsenkrechten verläuft, heißt Eulersche Gerade. Der Kreis, der durch die Fußpunkte der Höhen im Dreieck, die Fußpunkte seiner Seitenhalbierenden und die drei Eulerschen Punkte verläuft, heißt Kreis der neun Punkte oder Eulerscher Kreis. Der Kreis der neun Punkte wird manchmal Feuerbachscher Kreis genannt, zu Ehren des deutschen Mathematikers K. Feuerbach (1800–1834), der ihn unabhängig von Euler entdeckte.

213. Die Fußpunkte der Seitenhalbierenden, die Fußpunkte der Höhen und die Eulerschen Punkte liegen auf einem Kreis, welcher Kreis der neun Punkte oder Eulerscher Kreis heißt.

214. Der Mittelpunkt des Eulerschen Kreises liegt in der Mitte der Strecke, die den Höhenschnittpunkt mit dem Mittelpunkt des Umkreises verbindet. Der Radius des Eulerschen Kreises ist gleich dem halben Radius des Umkreises von $\triangle ABC$.

215. In jedem beliebigen Dreieck liegen der Schnittpunkt der Seitenhalbierenden, der Schnittpunkt der Höhen und der Mittelpunkt des Umkreises auf einer Geraden (der EULERschen Geraden).

216. FERMAT nahm an, daß für beliebige $n \in N$ die Zahlen $F_n = 2^{2^n} + 1$ (welche jetzt FERMATsche Zahlen heißen) Primzahlen sind. Erst 1732 widerlegte EULER diese Behauptung, indem er zeigte, daß $641 | F_5$. Man überprüfe EULERS Rechnung.

217. Sieben Brücken führen über den Fluß Pregel, an dessen Ufern Kaliningrad (früher Königsberg) liegt (Bild 68). Kann man einen Spaziergang durch die Stadt so durchführen, daß jede Brücke nur einmal überschritten wird?

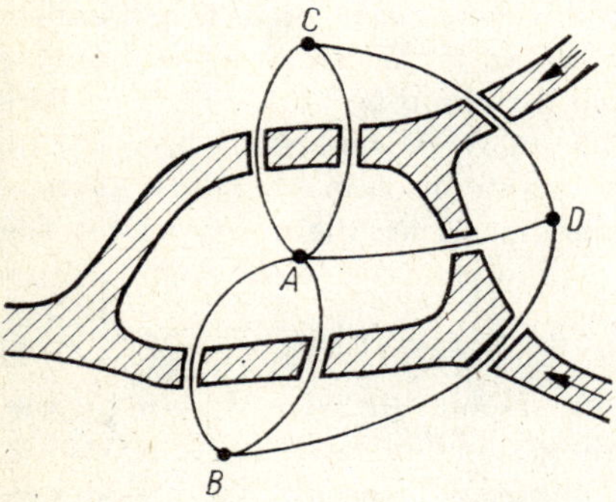

Bild 68

PAFNUTI LWOWITSCH TSCHEBYSCHEW (16. 5. 1821–8. 12. 1894)

218. Wenn $a_1 \leqq a_2 \leqq \ldots \leqq a_n$ und $b_1 \leqq b_2 \leqq \ldots \leqq b_n$, so gilt

$$\frac{a_1 + a_2 + \ldots + a_n}{n} \cdot \frac{b_1 + b_2 + \ldots + b_n}{n} \leqq \frac{a_1 b_1 + a_2 b_2 + \ldots + a_n b_n}{n}.$$

Wenn dagegen $a_1 \leqq a_2 \leqq \ldots \leqq a_n$ und $b_1 \geqq b_2 \geqq \ldots \geqq b_n$, so gilt

$$\frac{a_1 + a_2 + \ldots + a_n}{n} \cdot \frac{b_1 + b_2 + \ldots + b_n}{n} \geqq \frac{a_1 b_1 + a_2 b_2 + \ldots + a_n b_n}{n}.$$

Für beide Fälle ist die Gleichheit dann und nur dann erfüllt, wenn alle Zahlen $a_1, a_2, \ldots a_n$ und $b_1, b_2, \ldots, b_n$ untereinander gleich sind.

Man überprüfe die Tschebyschewsche Ungleichung für:

a) $a_1 = 1$, $a_2 = 2$, $a_3 = 7$; $b_1 = 4$, $b_2 = 3$, $b_3 = 2$
b) $a_1 = 1$, $a_2 = 2$, $a_3 = 7$; $b_1 = 2$, $b_2 = 3$, $b_3 = 4$.

Lew Nikolajewitsch Tolstoi
(28. 8. 1828—7. 11. 1910)

219. Ein Artel Schnitter hatte zwei Wiesen zu mähen, von denen die eine doppelt so groß wie die zweite war. Einen halben Tag mähten alle Schnitter die erste Wiese. Am Nachmittag teilte sich das Artel in zwei gleich große Gruppen. Die erste Gruppe verblieb auf der größeren Wiese und mähte sie bis zum Abend ab. Die zweite Gruppe mähte bis zum Abend die kleinere Wiese, auf ihr verblieb jedoch eine Ecke, die am nächsten Tag ein Schnitter an einem Tag abmähte. Wie viele Schnitter gehörten zu dem Artel?

220. Ein Schilfrohr ragt ein Arschin über das Wasser hinaus. Man bestimme die Tiefe des Flusses, in dem das Schilfrohr wächst, ohne es herauszuziehen und ohne die Tiefe mit einem Bootsriemen oder einem beliebigen anderen Gegenstand zu messen.

221. Auf gegenüberliegenden Wänden eines Raumes von bestimmter Länge sitzen eine Fliege und eine Spinne. Die Fliege M befindet sich anderthalb Arschin über dem Boden, die Spinne P anderthalb Arschin unterhalb der Decke. Gesucht ist die kürzeste Entfernung zwischen der Spinne und der Fliege (Bild 69).

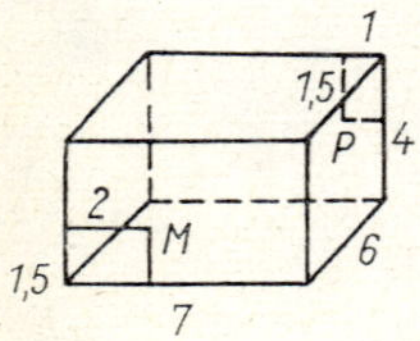

Bild 69

Lösungen

204. • Diese Gleichung und ihre Lösung wurde ebenso wie andere Beispiele Al-Hwārizmīs Bestandteil fast aller mittelalterlichen arabischen und westeuropäischen Lehrbücher der Algebra.

1. *Lösungsweg:* Es sei das unbekannte x die Länge einer gegebenen Strecke. Wir errichten das Quadrat $ABCD$ mit der Fläche x^2. $10 \cdot x$ stellen wir als $2 \cdot 5x$ dar. Wir errichten auf den Quadratseiten zwei Rechtecke $BCB'A'$ und $DCC'N$, von denen jedes die Fläche $5x$ hat (Bild 70a). Wir ergänzen die Gnomon genannte Figur $ANC'CB'A'$ zu dem Quadrat $AA'MN$, dann ist $S_{CC'MB'} = 25$. Die Fläche des Gnomons beträgt $x^2 + 10x = 39$ (aus der Aufgabenstellung), $S_{AA'MN} = 39 + 25 = 64$, folglich ist die Seitenlänge des großen Quadrates $|AN| = |x| + 5$ gleich 8, somit ist $x = 3$.

2. *Lösungsweg:* Wir errichten auf den Seiten eines Quadrates mit der Seitenlänge x (Bild 70b) Rechtecke, von denen jedes die Fläche $2\frac{1}{2}x$ (bzw. $4 \cdot 2\frac{1}{2}x = 10\,x$) hat. Wir ergänzen die erhaltene Figur zu einem Quadrat. Die Fläche jedes der vier Quadrate beträgt $2\frac{1}{2} \cdot 2\frac{1}{2} = 6\frac{1}{4}$, aller zusammen $6\frac{1}{4} \cdot 4 = 25$. Dann ist die Fläche des großen Quadrates gleich $39 + 25 = 64$ usw.

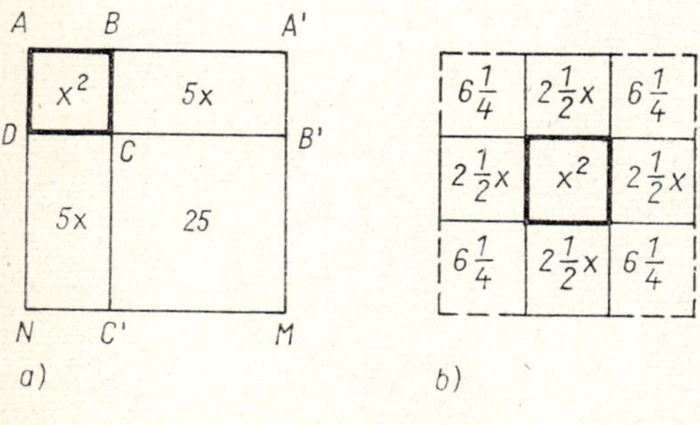

Bild 70

In moderner Schreibweise hat die Gleichung die Form $x^2 + 10x = 39$, die Lösung Al-Ḫwārizmīs kann wie folgt geschrieben werden:

$$x=\sqrt{\left(\frac{10}{2}\right)^2+39}-\frac{10}{2}$$

$$=\sqrt{25+39}-5=\sqrt{64}-5=8-5=3\,.$$

205. ● $\dfrac{1\frac{1}{2}}{1+x}=2x,\quad 1\dfrac{1}{2}=2x+2x^2,\quad \dfrac{3}{4}=x+x^2,$

$$x=\sqrt{\left(\frac{1}{2}\right)^2+\frac{3}{4}}-\frac{1}{2}=\sqrt{\frac{1}{4}+\frac{3}{4}}-\frac{1}{2}=\sqrt{1}-\frac{1}{2}=\frac{1}{2}\,.$$

Es zeigt sich, daß »mehrere Leute« gleich ... dem halben Mann sind. (Lösung von AL-ḪWĀRIZMĪ).

206. ● Wir bezeichnen $|A'B'|=x$ (Bild 71). $h=\sqrt{10^2-6^2}=8$, $S_{\triangle ABC}=\frac{1}{2}\cdot 12\cdot 8=48$, $S_{A'B'NM}=x^2$, $S_{\triangle AA'M}=\frac{1}{2}\left(6-\frac{x}{2}\right)x=3x-\frac{1}{4}x^2$, $S_{\triangle A'BB'}=\frac{1}{2}(8-x)\,x=4x-\frac{1}{2}x^2$. Deshalb ist $48=3x-\frac{1}{4}x^2+3x-\frac{1}{4}x^2+4x-\frac{1}{2}x^2+x^2$, $48=10x$, $x=4\frac{4}{5}$.

207. ▼ 2376 Groschen

208. ▼ In $\frac{6}{11}$ Stunden

209. ● Die Höhe des Berges sei $|AM|=H$ (Bild 72). Wir messen die sogenannte Horizontaldepression α und erhalten $|R|=(|R|+H)\cos\alpha$. Somit ist $|R|=\dfrac{H\cos\alpha}{1-\cos\alpha}$.

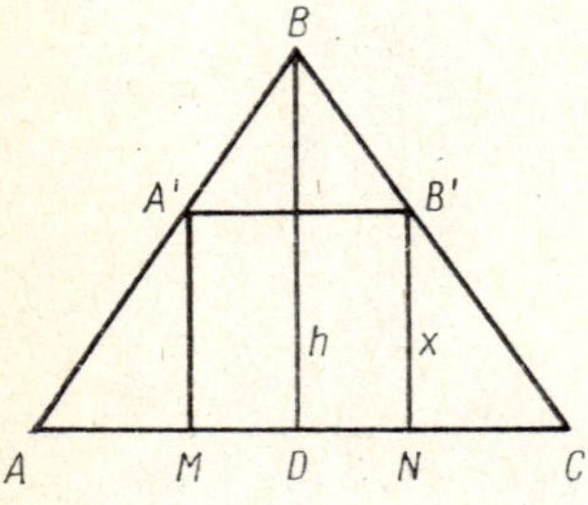

Bild 71

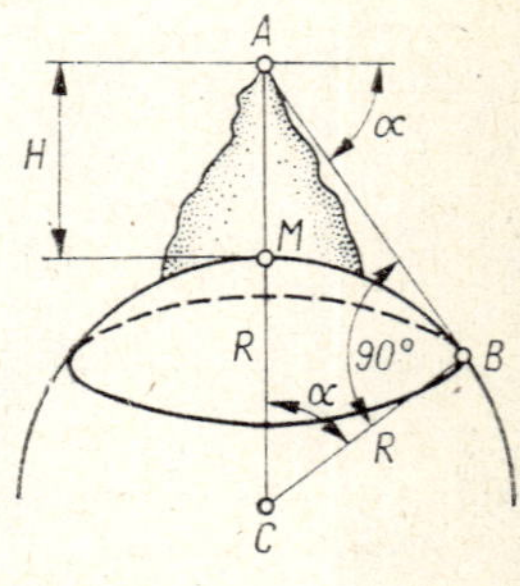

Bild 72

210. • Es sei $|AB| = x$ (Bild 73), d. h., AB ist die Seite eines dem Kreis einbeschriebenen regulären 18ecks. Wir konstruieren $|AC| = |CD| = |DG| = x$, $\overline{GT} \perp \overline{AH}$ und $\overline{AR} \perp \overline{BH}$. Dann ist $\triangle BAC \sim \triangle AHB$, woraus $|BC| : |AB| = |AB| : |AH|$ folgt. Wegen $|AH| = 1$ gilt $|BC| = x^2$. Aus der Ähnlichkeit von $\triangle ARH$ und $\triangle GTH$ erhalten wir $|HR| : |AH| = |HT| : |GH|$, oder $\left(1 - \frac{x^2}{2}\right) : 1 = \frac{1-x}{2} : x$, oder $x^3 + 1 = 3x$.

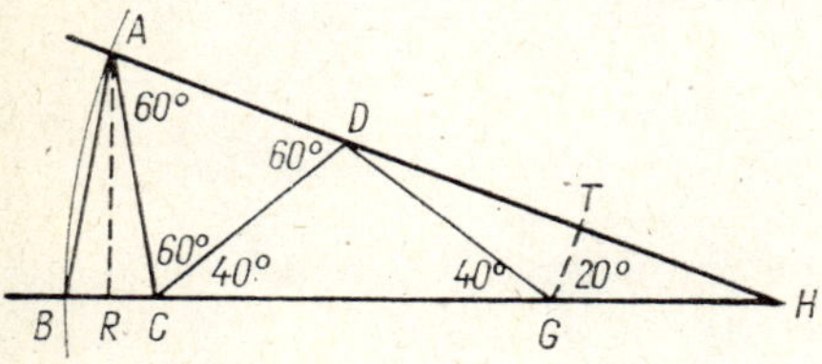

Bild 73

211. • Es sei $y = ax$, d. h., $(ax)^x = x^{ax}$, oder $ax = x^a$, $a = x^{a-1}$, woraus $x = a^{\frac{1}{a-1}}$ folgt; dann gilt $y = a^{\frac{a}{a-1}}$; wenn wir $\frac{1}{a-1} = n$ setzen, erhalten wir $a = \frac{n+1}{n}$, folglich ist

$$x = \left(\frac{n+1}{n}\right)^n, \quad y = \left(\frac{n+1}{n}\right)^{n+1}.$$

212. • Für den Beweis verwenden wir folgendes Lemma[1]: Wenn in einem $\triangle ABC$ $\overline{AM}$ eine Seitenhalbierende ist, so gilt $|AB|^2 + |AC|^2 = 2|AM|^2 + 2|BM|^2$.

Wenn P und Q die Mittelpunkte der Diagonalen sind (Bild 74) so gilt (wegen des Lemmas) in $\triangle ABD$ und $\triangle BCD$

$$|AB|^2 + |AD|^2 = 2|AP|^2 + 2|BP|^2, \tag{1}$$

$$|BC|^2 + |CD|^2 = 2|CP|^2 + 2|BP|^2. \tag{2}$$

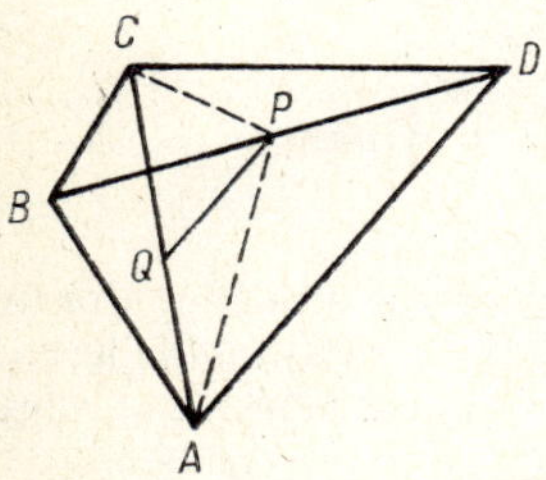

Bild 74

[1] Schon in der antiken Geometrie vorkommende Bezeichnung für einen Hilfssatz, der zum Beweis eines Lehrsatzes gebraucht wird.

Wir addieren die Gleichungen (1) und (2) und erhalten:

$$|AB|^2 + |BC|^2 + |CD|^2 + |DA|^2 = 4\,|BP|^2 + 2\,(|AP|^2 + |CP|^2)\,.$$

Aus $\triangle\ APC$ erhalten wir aber:

$$|AP|^2 + |CP|^2 = 2\,|AQ|^2 + 2\,|PQ|^2.$$

Deshalb gilt

$$|AB|^2 + |BC|^2 + |CD|^2 + |AD|^2 = 4\,|BP|^2 + 4\,|AQ|^2 + 4\,|PQ|^2 = |BD|^2 + |AC|^2 + 4\,|PQ|^2.$$

213. • Es seien D, E und F die Mittelpunkte der Seiten des $\triangle\ ABC$, $\overline{AK}$ und $\overline{BM}$ die Höhen, H der Höhenschnittpunkt (Bild 75). Dem $\triangle\ DEF$ umschreiben wir einen Kreis. Wir zeigen, daß K — der Fußpunkt der Höhe AK – und der Eulersche Punkt L – der Mittelpunkt von $\overline{BH}$ – auf dem umbeschriebenen Kreis liegen.

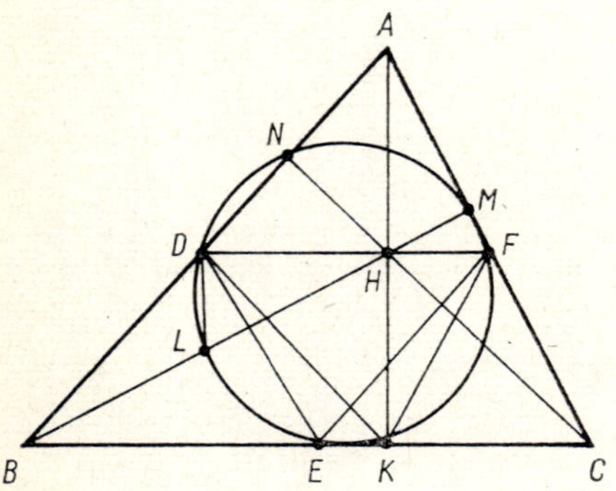

Bild 75

Da DK eine Seitenhalbierende des rechtwinkligen $\triangle\ BKA$ ist, so gilt $|DK| = \frac{1}{2}\,|AB|$, $|EF| = \frac{1}{2}\,|AB|$, $|DK| = |EF|$. Deshalb ist das Trapez $DEKF$ gleichschenklig und der durch die drei Eckpunkte D, E, F dieses Trapezes verlaufende Kreis verläuft auch durch den vierten Eckpunkt K. Offensichtlich gilt $DL \parallel AK$ und $DF \parallel BC$, deshalb ist $|\sphericalangle\ LDF| = 90°$; wegen $LE \parallel CH$ gilt $|\sphericalangle\ LEF| = 90°$. Folglich kann dem Viereck $EFDL$ ein Kreis umbeschrieben werden. Der Umkreis von

$\triangle DEF$ verläuft durch die Punkte K und L. Analog läßt sich zeigen, daß dieser Kreis außerdem durch die vier anderen uns interessierenden Punkte verläuft.

214. • Es sei O_9 der Mittelpunkt des EULERschen Kreises und O der Mittelpunkt des Umkreises von $\triangle ABC$ (Bild 76). O_9 liegt auf dem Schnittpunkt der Mittelsenkrechten von $\overline{KE}$ und $\overline{MF}$, O_9 muß in der Mitte des Schenkels $\overline{OH}$ des Trapezes $MHOF$ und des Trapezes $KHOE$ liegen, da die errichteten Senkrechten Mittellinien des Trapezes sind.

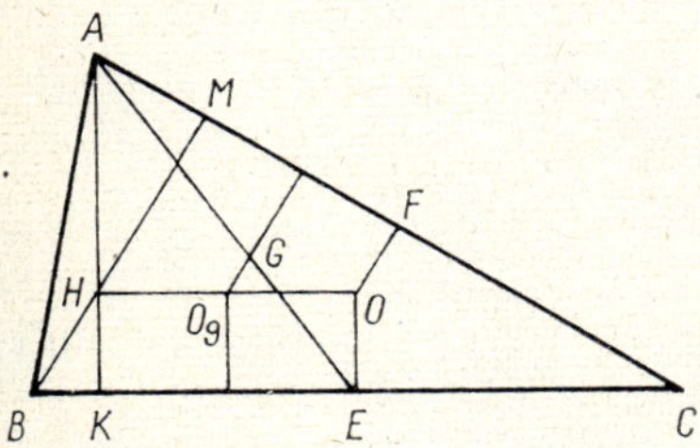

Bild 76

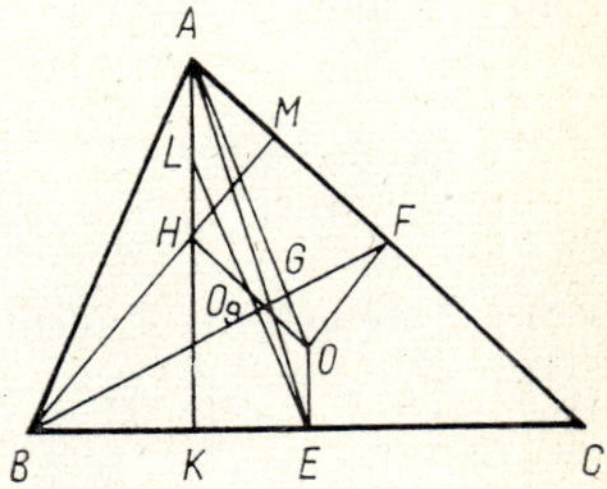

Bild 77

Wir verbinden die Punkte E und O_9 (Bild 77). Dann gilt $EO_9 \cap AK = L$, $\overline{LE}$ ist der Durchmesser des EULERschen Kreises. Aus der Kongruenz von $\triangle O_9EO$ und $\triangle O_9LH$ folgt $|OE| = |LH|$, deshalb gilt $|OE| = |AL|$ und $\overline{OE} \parallel \overline{AL}$. Folglich ist das Viereck $ALEO$ ein Parallelogramm und $|AO| = |LE|$, wobei $\overline{LE}$ der Durchmesser des Kreises mit dem Mittelpunkt O_9 ist.

215. • Wir betrachten $\triangle A_1B_1C_1$, das von den Mittellinien des $\triangle ABC$ gebildet wird (Bild 78). $\triangle A_1B_1C_1 \sim \triangle ABC$, der

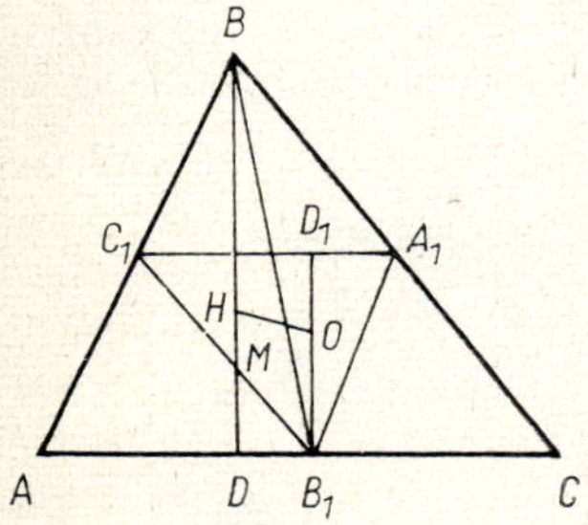

Bild 78

Ähnlichkeitsfaktor ist gleich 0,5. Der Schnittpunkt M der Seitenhalbierenden des $\triangle ABC$ ist gleichzeitig der Schnittpunkt der Seitenhalbierenden des $\triangle A_1B_1C_1$. Die Mittelsenkrechten der Seiten des $\triangle ABC$ sind die Höhen im $\triangle A_1B_1C_1$. Deshalb ist der Mittelpunkt O des Umkreises von $\triangle ABC$ der Höhenschnittpunkt des $\triangle A_1B_1C_1$. Daraus folgt $|OB_1| = \frac{1}{2}|BH|$, $|\sphericalangle OMB_1| = |\sphericalangle HMB|$ als Winkel zwischen entsprechenden Seiten in ähnlichen Dreiecken. Somit gehören $\overline{OM}$ und $\overline{HM}$ einer Geraden an. Dieser Schluß kann auch sofort gezogen werden, wenn man beachtet, daß M das Ähnlichkeitszentrum von $\triangle ABC$ und $\triangle A_1B_1C_1$ ist.

216. • $F_5 = 2^{2^5} + 1 = 2^{32} + 1 = 4294967297$
$= 641 \cdot 6700417.$

Mit Hilfe eines Großrechners konnte die Teilbarkeit der Zahlen F_n für genügend große n gezeigt werden, z. B. für $n = 284; 316; 452$.

$F_{452} = 2^{2^{452}} + 1$ ist die größte Zahl, welche bisher in Primfaktoren zerlegt werden konnte. Sie enthält 10^{135} Ziffern. Carl Friedrich Gauss bewies im Alter von neunzehn Jahren, daß ein reguläres n-Eck dann und nur dann mit Zirkel und Lineal konstruiert werden kann, wenn bei der Zerlegung der Zahl n in Primfaktoren alle ungeraden Faktoren voneinander verschieden sind und Fermatsche Primzahlen darstellen. Solche sind die F_n für $n = 0, 1, 2, 3, 4$. Der deutsche Mathematiker Hermes verwendete zehn Jahre auf die Konstruktion eines regulären 65537ecks ($F_4 = 2^{2^4} + 1 = 65537$).

217. • *Hinweis:* Im Graph der sieben Pregel-Brücken sind alle vier Knotenpunkte A, B, C und D ungeradzahlig, deshalb kann er nicht ohne Absetzen des Bleistifts vom Papier gezeichnet werden. Folglich kann auch der Spaziergang nicht so durchgeführt werden, daß jede Brücke nur einmal überschritten wird.

219. • Wenn die größere Wiese einen halben Tag vom ganzen Artel und einen halben Tag vom halben Artel gemäht wurde, so mähte das halbe Artel an einem halben Tag $\frac{1}{3}$ der Wiese (Bild 79). Folglich verblieb auf der kleinen Wiese $\frac{1}{2} - \frac{1}{3} = \frac{1}{6}$ Teil ungemäht, welches ein Schnitter an einem Tag abmähte. Am ersten Tag war aber $1 + \frac{2}{6} = 1\frac{2}{6}$ abgemäht worden, somit waren es $\frac{8}{6} : \frac{1}{6} = 8$ Schnitter.

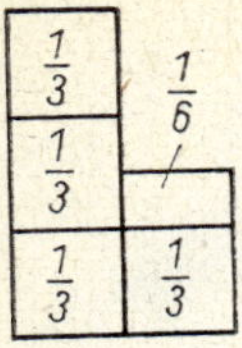

Bild 79

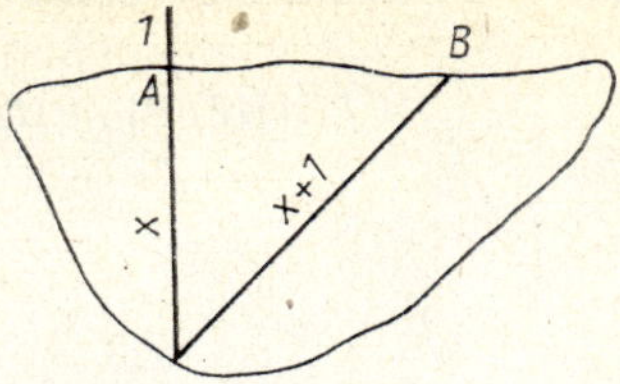

Bild 80

220. • Wir fahren zu dem Schilfrohr und messen seine Höhe über der Wasseroberfläche. Wir neigen den Stengel so, daß seine Spitze die Wasseroberfläche berührt und bezeichnen diesen Ort mit B (Bild 80). Wir messen $|AB|$. Wenn die Höhe des Schilfrohrs über dem Wasser 1 ist und beispielsweise $|AB| = 3$ ist, so gilt $(x + 1)^2 = x^2 + 9$, somit ist $x = 4$.

221. • Die Länge des Zimmers sei 7 Arschin, die Breite 6 und die Höhe 4. Wir nehmen an, daß die Fliege auf der größeren Wand 2 Arschin und die Spinne auf der gegenüberliegenden Wand ein Arschin von der nächstgelegenen Ecke entfernt sitzen (Bild 69). Wir zeichnen das Netz des Raumes (Bild 81) und verbinden den Punkt, in dem die Spinne sitzt, mit dem Punkt, in welchem die Fliege sitzt. Es sind drei Lösungen möglich (entsprechend der Zahl der verschiedenen Netze). Tatsächlich kann die Spinne zur Fliege entlang den Wänden; entlang den Wänden und der Decke; entlang den Wänden und dem Fußboden gelan-

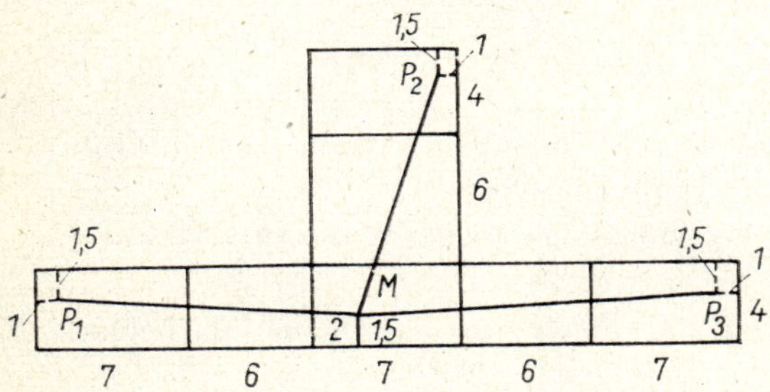

Bild 81

gen. Da die Entfernungen von der Fliege zum Boden und von der Spinne zur Decke gleich groß sind, so besitzen die Wege über den Boden und über die Decke gleiche Längen. Nach dem Satz des PYTHAGORAS erhalten wir: $|MP_1| = \sqrt{197} \approx 14{,}04$; $|MP_2| = \sqrt{116} \approx 10{,}77$; $|MP_3| = \sqrt{145} \approx 12{,}04$ (Bild 81). Folglich beträgt von den drei möglichen Lösungen die kleinste 10,77 Arschin.

Literaturverzeichnis

Das Verzeichnis enthält neben Literatur zur Mathematikgeschichte auch andere für mathematikbegeisterte Schüler interessante Werke.

AHRENS, W.: Mathematische Unterhaltungen und Spiele. – Leipzig, 1910

BASHMAKOVA, J. G.: Diophant und diophantische Gleichungen. – Basel [u. a.]: Birkhäuser, 1974

CHINTSCHIN, A. J.: Drei Perlen der Zahlentheorie. – Thun [u. a.]: Deutsch, 1984. – (Nachdruck d. Ausg. von 1951)

COXETER, H. S. M.: Unvergängliche Geometrie. – 2. Aufl. – Basel [u. a.]: Birkhäuser, 1981

DRINFEL'D, G. J.: Quadratur des Kreises und Transzendenz von π. – Berlin: Dt. Verl. der Wissenschaften, 1980

HÖFNER, G.; KLEIN, W.: Wahrscheinlich ganz einfach. – Thun [u. a.]: Deutsch, 1983

IGNATJEW, E. J.: Mathematische Spielereien. – Thun [u. a.]: Deutsch, 1983

JUSCHKEWITSCH, A. P.: Geschichte der Mathematik im Mittelalter. – Leipzig: Teubner, 1964,

LIETZMANN, W.: Wo steckt der Fehler? – 6. Aufl. – Stuttgart: Teubner, 1972

MARKUSCHEWITSCH, A. I.: Streifzüge durch die Mathematik. 2 Bde. – Thun [u. a.]: Deutsch, 1966

NIKIFOROWSKI, W. A.; FREIMAN, L. F.: Wegbereiter der neuen Mathematik. – Thun [u. a.]: Deutsch, 1981

PERELMAN, J.: Lebendige Mathematik. – Thun [u. a.]: Deutsch, 1985

PIEPER, H.: Komplexe Zahlen. – Thun [u. a.]: Deutsch, 1984

PÓLYA, G.: Mathematik und plausibles Schließen. – 2. Aufl. – Basel [u. a.]: Birkhäuser, Bd I: 1969, Bd II: 1975

Pólya, G.: Vom Lösen mathematischer Aufgaben. – 2. Aufl. – Basel [u. a.]: Birkhäuser, 1979,

Rademacher, H.; Toeplitz, O.: Von Zahlen und Figuren. – Berlin, 1930

Rastrigin, L. A.: Zahl oder Wappen? – Thun [u. a.]: Deutsch, 1974

Steinhaus, H.: 100 Aufgaben. – Thun [u. a.]: Deutsch, 1971

Steinhaus, H.: 100 neue Aufgaben. – Thun [u. a.]: Deutsch, 1973

Treitz, N.: Spiele mit Physik! – Thun [u. a.]: Deutsch, 1983

Wussing, H.: Mathematik in der Antike. – 2. Aufl. – Leipzig: Teubner, 1965

Wussing, H.: Vorlesungen zur Geschichte der Mathematik. – 2. Aufl. – Berlin: Dt. Verlag der Wissenschaften, 1982

Wussing, H.; Arnold, W. (Hrsg.): Biographien bedeutender Mathematiker. – 3. Aufl. – Berlin: Dt. Verlag der Wissenschaften, 1983

Bildquellennachweis

Wußling, H.: Geschichte der Naturwissenschaften. – Leipzig: Edition, 1982 (Bilder S. 22, 33, 50, 76, 88, 97, 108, 119, 132, 184)
Deutsche Fotothek Dresden (Bild 158)

Personenregister

Abel, Nils Henrik (5. 8. 1802—6. 4. 1829) 159, 164
Abū-l-Wafā, Muḥammad ibn Muḥammad al-Buzǧanī (10. 6. 940—1. 8. 998) 98, 101
Ahmes (17. Jh. v. u. Z.) 11, 12
Al-Bīrūnī, Abū-r-Raiḥān Muḥammad ibn Ahmad (973—1048) 98, 100, 188
Alcuin (735—804) 109, 110
Al-Ḫayyām, Abū-l-Fath'Umar ibn Ibrāhīm (1048—um 1131) 99, 102
Al-Hwārizmī, Abu'Abdallah Muḥammad ibn Mūsā al-Maǧūsı (787—um 850) 98, 187
Al-Karaǧi, Abu Bakr Muḥammad ibn al-Husain (10.—11. Jh.) 99, 102
Al-Kāšī, Ǧamšid Giyāṯ ad-Dīn (gest. um 1430) 99, 102
Anaxagoras von Klazomenae (um 500—428 v. u. Z.) 37
Apastamba (5.—4. Jh. v. u. Z.) 79
Appollonius von Perga (um 262—190 v. u. Z.) 49, 51, 59
Archimedes von Syrakus (um 287—212 v. u. Z.) 49, 50, 55ff., 69
Archytas von Tarent (um 428—365 v. u. Z.) 36
Aristoteles (384—322 v. u. Z.) 37
Āryabhaṭa I. (476—um 550) 77f., 80
Aṭ-Ṭūsī, Abu Ǧa'far Muḥammad ibn Muḥammad Nasīr ad-Dīn (17. 2. 1201—1274) 99, 100

Bachet de Méziriac, Claude Gaspard (9. 10. 1587—25. 2. 1638) 135
Beda der Ehrwürdige (um 673—735) 107
Bernoulli, Daniel (1700—1782) 185
Bernoulli, Jacob (1654—1705) 113, 146
Bernoulli, Johann (1667—1748) 113
Bernoulli, Nicolaus II. (1695—1726) 185
Bertrand, Joseph Louis François (11. 3. 1822—3. 4. 1900) 165

Bhāskara I. (7. Jh) 76f.
Bhāskara II. (1114— nach 1185) 77f., 82
Bolyai, Janos (15. 12. 1802—17. 1. 1860) 157, 184
Bombelli, Raffael (um 1530— um 1572) 122, 125
Brahmagupta (598— um 660) 60, 78, 80
Briggs, Henry (1561—1631) 145
Bruno, Giordano (1548—1600) 118
Bürgi, Jost (1552—1632) 145
Buffon, George Louis Leclerc (7. 9. 1707—16. 4. 1788) 144
Bunjakowski, Viktor Jakowlewitsch (16. 12. 1804—12. 12. 1889) 186

Cantor, Georg (3. 3. 1845—6. 1. 1918) 35, 160, 167
Cardano, Girolamo (1501—1576) 120, 124, 127
Cauchy, Augustin Louis (21. 8. 1789—23. 5. 1857) 159, 162, 173
Cavalieri, Bonaventura (um 1598—3. 12. 1647) 131
Ceva, Giovanni (1648—13. 12. 1734) 143, 155
Copernicus, Nicolaus (1473—1543) 118, 122
Cramer, Gabriel (31. 7. 1704—4. 1. 1752) 90

Demokrit von Abdera (um 460— um 380) 35, 37
Descartes, René (31. 3. 1596—11. 2. 1630) 131ff., 136, 145
Dinostratus (2. H. 4. Jh. v. u. Z.) 36, 38
Diophant (3. Jh.) 52, 61, 73
Dodgson, Charles Lutwidge (27. 1. 1832—14. 1. 1898) 165, 179, 188

Eratosthenes von Kyrene (um 276—194 v. u. Z.) 38, 41, 51, 58
Eudoxus von Knidos (um 406—um 365 v. u. Z.) 36, 38
Euklid (um 365— um 300 v. u. Z.) 41, 49, 53, 75
Euler, Leonhard (15. 4. 1707—18. 9. 1783) 134, 157, 185, 188

Fermat, Pierre de (1601—12. 1. 1665) 133, 136, 145
Ferrari, Ludovico (1522—1565) 120
Feuerbach, Karl Wilhelm (1800—1834) 188
Fibonacci (1180—1240) 109f.

Galileo Galilei (15. 2. 1564—8. 1. 1642) 118, 123, 126f.
Gatois, Evariste (25. 10. 1811—31. 5. 1832) 159
Gauß, Carl Friedrich (30. 4. 1777—23. 2. 1855) 157f., 160f., 196
Germain, Sophie (1. 4. 1776—27. 6. 1831) 161
Goldbach, Christian (18. 3. 1690—1. 1. 1764) 185,
Grandi, Guido (1. 10. 1671—4. 7. 1742) 143

Hermann, Jacob (16. 7. 1678—14. 7. 1733) 185
Heron von Alexandria (1. Jh.) 38, 52, 60
Hippieas von Elis (420 v. u. Z.) 36ff., 40
Hippokrates von Chios (5. Jh. v. u. Z.) 36, 39
Huygens, Christiaan (14. 4. 1629—8. 7. 1695) 133, 139, 145
Hypatia von Alexandria (5. Jh.) 52

Imhotep (um 2650 v. u. Z.) 17
Ibn Sīnā, Abū-l-Husain ibn'Abdallah (Avicenna) (um 980—18. 4. 1037) 99, 101

Kepler, Johannes (27. 12. 1571—15. 11. 1630) 131, 135
Kochanski, Adam Adamowitsch (5. 8. 1631—19. 5. 1700) 140
Kowalewskaja, Sophia Wassiljewna (15. 1. 1850—10. 2. 1891) 186
Krafft, Georg (16. 7. 1701—18. 7. 1754) 5

Lagrange, Joseph Louis (25. 1. 1736—10. 4. 1813) 157, 161
Laplace, Pierre-Simon (1749—1827) 159
Leibniz, Gottfried Wilhelm (1. 7. 1646—14. 11. 1716) 133f., 142, 145
Leonardo da Vinci (1452—1519) 118, 123
Leonardo von Pisa (s. Fibonacci)
Lindemann, Ferdinand (1852—1939) 38
Listing, Johann Benedikt (25. 4. 1808—24. 12. 1882) 164
Liu Hui (3. Jh.) 89
Lobatschewski, Nikolai Iwanowitsch (1. 12. 1792—24. 2. 1856) 157, 160, 184
Lucas, Eduard (1842—1891) 114

Magnizki, Leonti Filippowitsch (19. 6. 1669—30. 10. 1739) 120, 185
Mahāvīra (9. Jh.) 78, 81
Mascheroni, Lorenco (1750—1800) 164
Menelaus von Alexandria (1.—2. Jh.) 52, 60, 71
Mengoli, Pietro (1625—1686) 112
Mersenne, Marin (1588—1648) 53
Metrodorus (4. Jh.) 62f.
Möbius, August Ferdinand (17. 11. 1790—26. 9. 1868) 162
Mohr, Georg (1640—1697) 164
Menge, Gaspard (1746—1818) 157

Nārāyana (14. Jh.) 83
Neper, John (1550—1617) 145
Newton, Isaac (4. 1. 1643—31. 3. 1727) 133, 141
Nowgorodski, Kirik (um 1100) 183

Ostrogradski, Michail Wassiljewitsch (24. 9. 1801—1. 1. 1862) 186
Oresme, Nicolaus (um 1323—1382) 110, 112
Ozanam, Jacques (1640—3. 4. 1717) 140, 151

Pacioli, Luca (um 1445—1514) 120, 123, 126
Pappus (4. Jh.) 61, 72
Pascal, Blaise (19. 6. 1623—19. 8. 1662) 133f., 137, 145
Platon (um 429—um 348 v. u. Z.) 37f., 46
Plutarch (50—125) 56
Poisson, Simeon Denis (21. 6. 1781—25. 4. 1840) 159, 162
Pothenot, Laurent (1660—31. 8. 1732) 144
Proclus, Diadochus (um 410—485) 17, 54
Ptolemäus, Claudius (gest. 170) 52, 60, 71
Pythagoras von Samos (571/570—497/496 v. u. Z.) 31, 34, 37, 43

Ramanujan, Srinivasa Aaiyangar (22. 12. 1887—26. 4. 1920) 79, 83
Riemann, Bernhard (17. 9. 1826—30. 12. 1866) 104, 160
Ries, Adam (1489—1559) 120
Rudolff, Christoph (1500—1545) 120

Schickardt, Wilhelm (1592—1635) 134, 145
Schirakazi, Anania (Mitte 7. Jh.) 183, 187
Sēbōkht (7. Jh.) 75
Sierpiński, Waclaw (14. 3. 1882—21. 10. 1969) 168, 182
Snellius, Willebrord (1580—1626) 144
Śridhara (9.—10. Jh.) 78
Staudt, Christian (1798—1867) 164
Steiner, Jacob (18. 3. 1796—1. 4. 1863) 163f.
Steklow, Wladimir Andrejewitsch (9. 1. 1864—30. 5. 1926) 107
Stevin, Simon (1548—1620) 99, 126
Stifel, Michael (19. 4. 1486—18. 4. 1567) 120f., 124
Su-Zi (3. Jh.) 89, 93
Swineshead, Richard (um 1350) 110

Tartaglia, Niccolò (1500—1557) 120, 124, 127
Thales von Milet (638/637—548/547 v. u. Z.) 34
Theaitet von Athen (4. Jh. v. u. Z.) 36
Theodorus von Kyrene (um 390 v. u. Z.) 37
Tolstoi, Lew Nikolajewitsch (28. 8. 1828—7. 11. 1910) 190
Torquemada, Tomás (1420—1498) 109
Torricelli, Evangelista (1608—1647) 113
Tschang tsang (gest. 150 v. u. Z.) 89
Tschebotarew, Nikolai Grigorewitsch (1894—1947) 7
Tschebyschew, Pafnuti Lwowitsch (16. 5. 1821—8. 12. 1894) 41, 186, 189
Tsu Chung-chih (430—501) 90

Ulug Beg, Mirza Muḥammad ibn Šāhruh ibn Timur (1394—1449) 99f.

Valmes, Paolo (15. Jh.) 109
Viète, François (1540—13. 12. 1603) 122, 125

Waerden, Barthel Leendart van der (geb. 1. 2. 1903) 169, 182
Wallis, John (23. 11. 1616—28. 10. 1703) 136
Wang Fan (gest. 267) 90
Wantzel, P. (1814—1848) 38

Zeno von Elea (um 490— um 430 v. u. Z.) 35, 40
Zhang Heng (78—129) 90
Zhang Qiu-jian (5. Jh.) 89, 93